浙江省社科联社科普及课题资助项目(16YB04)

排污权交易理论与实践发展

白　利　编著

浙江工商大学出版社 ZHEJIANG GONGSHANG UNIVERSITY PRESS | 杭州

图书在版编目(CIP)数据

排污权交易理论与实践发展 / 白利编著. — 杭州：浙江工商大学出版社，2019.7

ISBN 978-7-5178-3239-3

Ⅰ. ①排… Ⅱ. ①白… Ⅲ. ①排污交易－研究 Ⅳ. ①X196

中国版本图书馆 CIP 数据核字(2019)第 093430 号

排污权交易理论与实践发展

白　利　编著

责任编辑	沈明珠
封面设计	林朦朦
责任印制	包建辉
出版发行	浙江工商大学出版社
	（杭州市教工路 198 号　邮政编码 310012）
	（E-mail：zjgsupress@163.com）
	（网址：http：//www.zjgsupress.com）
	电话：0571-88904980，88831806（传真）
排　　版	杭州朝曦图文设计有限公司
印　　刷	杭州宏雅印刷有限公司
开　　本	850mm×1168mm　1/32
印　　张	3
字　　数	65 千
版 印 次	2019 年 7 月第 1 版　2019 年 7 月第 1 次印刷
书　　号	ISBN 978-7-5178-3239-3
定　　价	15.00 元

前　言

2017 年,党的十九大报告提出,"加快生态文明体制改革,建设美丽中国",要"构建政府为主导、企业为主体、社会组织和公众共同参与的环境治理体系。积极参与全球环境治理,落实减排承诺"。

环境具有一定自动消除污染物的能力,这种自洁净能力存在上限,如果超过其最大容量,继续增加的污染物必然带来对环境的根本性破坏。环境是一种典型的准公共物品,具有非排他性和一定程度的竞争性。环境是供自然界动植物共同享用的物品,任何人都无法排除他人同时使用该物品,甚至即使你不愿意使用它,也无法排斥;当环境在自净能力范围之内时,任何使用环境的人都不需要付出成本,但是一旦达到上限,再多增加使用,就会产生成本。

随着工业文明的发展,人类一直在以各种各样的形式"征服"自然。"水能载舟亦能覆舟",酸雨、温室效应、水资源危机、大气污染等环境问题,给人类社会的发展和人们的生活带来了极大的威胁。从 18 世纪工业革命开始,工业国家经历了一系列的环境污染问题,直到 20 世纪 80 年代,才基本上控制了污染。

环境是人类共同的家园,环境问题已经成为人类面临的全球性问题。随着人们对环境问题的反思,各国针对环境污染问题做出了很多努力,除了借助大众媒体向公众宣传环境保护的重要性,从道德方面唤起人们的环保意识,各国也在积极探索,在政策法规方面对企业排污行为进行约束和引导,典型的做法包括行政管制和经济政策。经过多年的实践,环境经济政策,尤其是排污权交易制度,在利用市场机制引导排污企业治理污染方面起到了积极的作用。

改革开放以来,我国经济实现了飞速发展,持续的粗放型发展使得生态环境受到了破坏,环境保护工作已经刻不容缓。当前,我国处于生态文明建设的关键时期,人们对美好环境的需求日益突出,"坚持人与自然和谐共生"是人类可持续发展的前提,因此,必须坚持走绿色发展之路,在环境容量范围内进行污染物排放,鼓励排污企业对污染治理设施进行升级改造或通过产业结构升级达到减排的目的。环境保护关系国计民生,无论是政府、企业还是个人都应该具有绿色发展的意识,为建设一个天更蓝、水更净的美好家园而共同努力。

目　录

第一章 排污权交易的理论基础

第一节 环境问题的经济学分析

一、环境与经济学的关系

在任何有关环境的讨论中，总有经济学的身影。经济学和环境问题的关系大吗？答案是肯定的。经济学在和环境发生的任何事情中都发挥着或积极或消极的重要作用。

人类往往不会考虑追求现代文明所付出的代价，等到个人或集体产生了经济损失，才会有所意识。例如，河流污染是未经处理的大量废水排入河流，从而导致大多数河流受到不同程度的污染，河流污染意味着人们必须找到方法对饮用水进行净化处理，可以购买各种净化器、纯净水、矿泉水以保证身体健康，这些增加的消费开支将会占用人们一部分收入。一方面，人们试图通过艰难的经济决策对现实进行调整。另一方面，这些产生污染的企业或行业本身和经济学也是密不可分的，为了大幅减少或消除污染排放，我们必须找到可能的解决方案，这也涉及难以抉择的经济决策，经济学再次成为关注的焦点。

经济学在发展过程中对于帮助人们审视环境恶化方面做出了相当的贡献,其中的成本—效益、机会成本、效用原理等理论对短期、中期甚至长期环境问题都起到了特有的影响。

二、经济学中的外部性理论

外部性又被称为外部效应,指某种经济活动给予这项活动无关的第三方带来的影响。也就是说,这些活动会产生一些不由生产者或消费者承担的成本,或不由生产者或消费者获得的利益。外部性分为正外部性和负外部性。正外部性是指某个经济行为个体的活动使他人或社会受益,而受益者无须花费代价;负外部性是指某个经济行为个体的活动使他人或社会受损,而造成外部不经济的人却没有为此承担成本。

任何一种经济活动都会对外部产生影响,有的是正外部性,有的是负外部性。例如,果农从果树中得到果树的收益,同时,附近居民和路人能享受到美丽的景色,这是经济的正外部性;教师通过工作拿到了工资,同时学生获得了知识,提高了素质,促进了社会的进步,这也是正外部性的体现。相反,开汽车使得开车人享受了交通便捷、节约了时间,但在汽车行驶过程中却给他人带来了噪音和空气污染;狗主人通过饲养宠物获得了心理的满足,但是,却给附近居民带来了噪音、气味等干扰;一家造纸厂的生产会给生产者带来利润、为消费者带来使用效用,但造纸引起的污染给附近居民带来了不利影响,这些都是经济的负外部性。

对于经济的正外部性,人们往往乐享其成,而对于经济的负外部性,人们则希望通过一定的方式解决或降低它们的影响,比如通过私人协商的方法解决，但有的时候解决起来却很难。当出现外部性问题的时候，我们可以用道德规范或社会约束来解决，例如，公众可以自觉尊重公共卫生秩序，不乱扔垃圾，法律也可以命令禁止乱扔垃圾。事实上，类似的法律并没有严格实行过，大多数人还是以一种自觉的道德进行自我约束，通过道德规范把影响他人的外部性行为内在化，在公交车或地铁上主动让座，教育孩子在公共场所不大声喧哗、不嬉戏打闹等。

经济学中，当我们研究生产者行为时，无非是成本和收益，在外部性方面也不例外。某一经济主体的经济活动对社会上其他经济主体产生了正面的经济影响，即增进了这些主体的利益与福利，但他自己却不能由此得到补偿。此时，这个人从其活动中得到的私人利益就小于该活动所带来的社会利益，这种性质的外部影响也被称为"外部经济"。显然，在有正的外部性存在的场合，其他主体从经济活动中免费得到了部分收益。例如，养蜂场与苹果园联系在一起，二者相互提供外部经济效益：一方面，养蜂场的蜜蜂为苹果园的苹果树传播花粉，提高苹果产量；另一方面，苹果树的花为养蜂场提供了蜜源，可增加蜂蜜产量。

在负的外部性中，某一经济主体的经济活动给社会上其他经济主体造成负面经济影响，对这些主体的利益与福利造成了损害，但他自己却并不为此承担足够抵偿这种损害的成本。此时，这个人为其活动所付出的私人成本就小于该项活动所造成的社会成本，这种性质的外部影响也被称为"外部不经济"。在存在负外部性的情况下，社会为该主体的经济活动支付了部分成本。比如，某化工厂为了增加利润，把未经处理的污水直接排入河流，就会导致下游养殖场的鱼苗大量死亡。如果化工厂和养殖场分属不同的经济实体,且没有相应的补偿,考虑到养殖场的损失,则化工厂生产产品的全部社会成本要大于化工厂本身生产的私人成本。

在经济学范畴,往往靠市场机制来实现市场均衡,这样就出现了生产者与消费者的私人成本与私人利益相等的情况,如果不存在外部性,这种成本不会对他人或者社会产生收益或成本,因此,一个人的经济行为所产生的社会收益和私人收益相等,社会成本和私人成本也是相等的。那么,此时的社会收益和社会成本一样。但是当存在外部性时,正外部性增加了社会收益,负外部性增加了社会成本,这样,社会收益就不再和社会成本一致。

从经济学的角度看,当一个经济行为发生时,其经济主体并不会考虑这个经济行为所带来的社会收益或社会成本。一户人家在决定是否在家门口安装一盏灯时,虽然这盏灯确实会给其他路人带来方便,但是他在决策时所考虑的因素往往只是从自身出发:是否需要这盏灯、安装这盏灯所支付的成本、在光明和安全方面所获得的收益等,而不会考虑所增加的社会收益,也不会为此而向其他路人收取费用。当然,对于向环境排放污染的企业,单靠社会谴责、道德约束也是不现实的,大部分的企业在面对利益时往往只追求个人利益,而牺牲掉社会利益。

第二节 解决外部性的经济手段

20 世纪初的一天,列车在绿草如茵的英格兰大地上飞驰。车上坐着英国经济学家庇古。他边欣赏风光,边对同伴说,列车在田间经过，机车喷出的火花(当时是蒸汽机车)飞到麦穗上，给农民造成了损失，但铁路公司并不用向农民赔偿。

将近 70 年后，1971 年，美国经济学家斯蒂格勒和阿尔钦同游日本。在高速列车(这时已是电气机车)上他们想起了庇古当年的感慨，就问列车员，铁路附近的农田是否因为列车的运行而减产。列车员说，恰恰相反，飞速驶过的列车把吃稻谷的飞鸟吓走了，农民反而收益。当然铁路公司也不会向农民收"赶鸟费"。

同样是铁路公司和农民之间，不同的时代、不同的地点，针对铁路公司对周边农田的影响得出的结论却截然不同，一个外部不经济，而另一个却是外部经济。从经济学的角度看，火车通过农田无论结果如何，其实说明了同一件事：不管外部经济或外部不经济，从社会的角度看，市场机制都未能在其中起到调节功能，从而导致了社会成本和社会收益不一致。

例如，一个从事化学品生产的厂商的私人成本包括原材料、设备、人工工资、管理等方面费用，但从整个社会看，除了化工厂已经支出的私人成本外，还应包括生产中排放的污水、废气等给社会带来的污染成本，两种成本的总和为化工厂生产的社会成本。按照经济学中的生产者理论，厂商理性决定的最优产量总是在使得私人成本等于私人收益的水平上，在不考虑外部经济的竞争性时，厂商最优决策下私人成本与社会成本一致，市场有效。但是，在污染外部性存在的情况下，当污染者不需要对所造成的外部不利影响负责时，即不增加成本支出，那么，其私人成本就小于社会成本，这时由于污染方仅从私人成本等于私人收益的原则出发而进行生产，生产量将超过社会按社会成本等于社会收益的原则所允许的产量。换句话说，由于污染的外部性，化工厂厂商个人利益最大化的行为和社会效益不能实现统一，生产者行为偏离了社会效益最大化的产出要求。

从以上分析可以看出，企业或个人在生产或消费中产生了利益或损害，而行为主体却并没有因此得到报酬或支付赔偿。这对个体是最优的决策，对社会却不是最优的，尤其是负的外部性，增加了社会成本，为社会带来了负面影响，如工厂的污染排放，给自然环境和人类社会造成直接或间接的危害，而且往往很难消除。

当外部性引起市场机制无效时，政府可以通过行政管制的方式来加以规定或限制。例如，倾倒有毒物质、严重污染环境就是一种犯罪。在这种情况下，社会的外部成本远远大于排污者的收益，因此，政府制定了相应的制度和法规。当然，政府对外部性的反应也可以不采取管制行为，而是用以市场为基础的政策向私人提供符合社会效率的激励，如对那些有负外部性的活动征税或对有正外部性的活动进行补贴，以及明确产权、设立私人市场的方式将外部性内在化。

一、庇古的税收方法

根据污染所造成的危害程度对排污者征税，用税收来弥补排污者生产的私人成本和社会成本之间的差距，使两者相等，这种税由英国经济学家庇古（Pigou，Arthur Cecil，1877—1959）在《福利经济学》（1920）中最先提出，这种税被称为庇古税。

庇古税是解决环境问题的古典教科书方式，属于直接环境税。按照庇古的观点，市场配置资源失效的原因是经济主体的私人成本与社会成本不一致，从而私人利益的最大化导致社会的非最优。因此,政府可以通过征税或者补贴来矫正经济主体的私人成本,从而纠正外部性。比如对排放污染物的企业征税、降低企业的生产量;对安装门灯的人家提供补贴,鼓励其安装门灯。按照庇古的理论,外部的不经济需要通过政府采取措施使得私人成本和私人利益与相应的社会成本和社会利益相等。

假如有两家工厂,一家是造纸厂,一家是钢铁厂,每家工厂每年向河中倾倒 500 吨废物,环保部门要想减少污染量,可以考虑两种解决方法:一是管制,环保部门可以告诉每家工厂把每年的排污量减少为 300 吨;二是庇古税,环保部门可以对每家工厂每排出一吨废物征收 50 万元的税收。

管制规定了污染水平,而税收给工厂所有者一种减少污染的经济激励。在减少污染总水平上税收和管制同样有效。由于税收越高,减少的污染越多,因此,环保部门可以通过确定适当水平的税收,达到它想达到的任何污染水平。事实上,如果税收足够高,工厂成本将大于收益,从而导致无利可图,最终关闭工厂,污染减少为零。

政策制定很难兼顾到经济主体差异,比如,管制可能要求每家工厂减少等量污染,但等量减少并不一定是环境保护中最省钱的方法。如果造纸厂减少污染的成本比钢铁厂低,那么造纸厂对税收的反应是大幅度地减少污染,以便少交税,而钢铁厂的反应是减少的污染少,交的税多。因此,经济学家往往比较偏爱税收,因为它在资源配置以及减少污染方面更加有效。

实际上,庇古税规定了污染权的价格。如果工厂通过对比减少污染成本和税收发现,减少污染成本更高,那么它会选择缴纳污染税,正如市场把物品分配给那些对物品真正有需求的买家一样,庇古税把污染权分配给了那些减少污染成本高的工厂。无论环保部门选择的污染水平是多少,它都可以通过税收以最低的成本达到这个目标。

此外,经济学家还认为,庇古税对环境更有利。在行政命令与政策管制控制下,当工厂达到了 300 吨污染物的目标后,就没有再继续减排的动力了。而税收则会激励工厂去开发新技术,进一步降低污染物排放,减少工厂因污染不得不支付的税收量。

庇古在他职业生涯的早期,就关注到了人性和科学问题,认识到了社会和经济问题之间的密切关系。庇古税是存在外部性时的正确激励,一方面增加了政府的收入,同时,也提高了社会福利。但是这种方法有一个很大的问题,即如何准确地以货币形式衡量外部性的成本和收益,如污染环境所造成的社会成本到底有多大?我们如何了解污染损失的准确货币值?这一点很困难,或者说几乎是不可能的,因为污染的影响不仅具有多样性、流动性、间接性和滞后性,而且限于人类的认知水平,还具有不确定性,有的损失很难用货币来表示,譬如物种的灭绝。因此,在实践中,庇古税缺乏可行性,有时候政府只是近似地估计这些成本。

二、科斯的产权方法

在某些情况下,私人市场在解决外部性中是极为有效的,这就是著名的科斯定理(Coase theorem)。科斯定理是由罗纳德·科斯(Ronald Coase)提出的一种观点,认为在某些条件下,经济的外部性可以通过当事人的谈判而得到纠正,从而达到社会效益最大化。科斯本人从未将定理形成文字表述,多是人们在理解的基础上形成的表达。关于科斯定理，比较流行的说法是：只要财产权是明确的，并且交易成本为零或者很小，那么，无论在开始时将财产权赋予谁，市场均衡的最终结果都是有效率的。

下面引用一个经典的例子来说明科斯定理的基本逻辑。假定张三养了一条狗，狗的狂叫影响了邻居李四。张三从养狗中得到了某种收益，但这条狗却给李四带来了负的外部性。接下来就出现了一个问题，是应该强迫张三把狗送人，还是应该让李四不得不蒙受由于狗狂叫而带来的噪音干扰？

作为理性经济人，在做决策时，我们首先会考虑成本和收益，考虑一下什么结果是对社会有效的。要做出选择，就要比较张三从养狗中得到的收益与李四承受狗叫声的成本。如果收益超过成本，有效的做法就是让张三养狗而李四生活在狗叫的噪音中。但是，如果成本超过收益，张三就应该放弃养狗。

根据科斯定理，私人市场可以自己达到有效的结果。李四可以简单地付给张三一些钱让他放弃养狗，如果李四给的钱数大于养狗的收益，张三就会接受这种做法。这里我们假设张三养狗的收益和李四忍受狗叫的成本都可以通过货币进行衡量。这样，李四通过货币支付的方式解决狗叫问题就可能会面临两种情况：

第一，若张三从养狗中获得收益 500 元，而李四由于狗的狂叫承担了 800 元的成本，即张三的收益小于李四的成本，李四可以支付给张三 600 元，使张三放弃养狗，张三会很乐意接受。这一结果使双方的状况都有所改善，可以认为是有效率的。

第二，若张三从养狗中得到的收益是 1000 元，而李四由于狗的狂叫承担的成本是 800 元,即张三的收益大于李四的成本,则张三不会接受任何低于 1000 元的价格,而李四也不会支付任何高于 800 元的价格,所以,张三继续养狗,李四继续承受负外部性。就社会来说,这种结果也是有效的。

科斯定理说明,私人经济主体可以解决他们之间的外部性问题,无论最初的权利如何分配,有关各方总可以达成一种协议,在这种协议中,每个人的状况都可以变好,而且,结果是有效率的。也就是说,在养狗的例子中,不论是赋予张三养狗的权利,还是赋予李四享受和平和安宁的权利,双方都能达成一致。

事实上,在上述例子中,我们有一个假设:张三在法律上有权养一条狗。换句话说,我们假设,除非李四给张三足够的钱让张三自愿放弃养狗,否则张三就可以养狗。那么,如果李四在法律上有权要求和平与安宁,结果会有什么不同呢?

假设李四可以通过法律强迫张三放弃狗,即赋予李四拥有宁静生活的权利,虽然有这种权利对李四有利,但也许结果不会改变。在这种情况下,张三可以向李四付钱,让李四同意他养狗。如果狗对张三的收益大于狗狂叫对李四的成本,那么张三和李四就可以针对养狗问题进行协商。

虽然最初的权利无论怎么分配,张三和李四都可以达到有效率的结果,但权利分配并非无关紧要,它决定了经济福利的分配,是张三有权养一条爱叫的狗,还是李四有权得到和平与安宁,这决定了在最终的协商中谁向谁付钱。假如在第一种情况中,张三有权养狗,如果李四付 600 元钱给张三,让他放弃养狗,此时,张三的成本就是因放弃养狗而失去的满足感,又称为机会成本,因为收益大于成本,张三会选择结束养狗;如果将权利分配给李四，那么张三需要向李四付钱，金额要超过 800 元，李四才会同意张三养狗，但是张三养狗的收益只有 500 元，显然，张三仍然会结束养狗。可见，在这两种情况下，双方都可以互相协商并解决外部性问题。

总之，科斯定理说明，私人经济主体可以解决他们之间的外部性。无论最初的权利如何分配，有关各方总可以达成一种协议，在这种协议中，每个人的状况都可以变好。

在上面的例子中，有一个重要前提，那就是不存在交易成本或者交易成本为零。简单地说，交易成本是为达成一项交易、做成一笔买卖所要付出的时间、精力和产品之外的投入，如市场调查、情报搜集、质量检验、条件谈判、讨价还价、起草合同、聘请律师、请客吃饭，直到最后执行合同、完成一笔交易，都是费时费力的。如果存在交易成本，又会是什么情况呢？

就养狗这个问题而论，李四有权索偿，但可能会漫天要价；在张三有权索要放弃养狗的补偿金的情况下，他可能把不养狗的损失说得很高。无论哪种情况，对方都要调查研究一番。如果只是张三和李四，事情还好办。当事人的数目一大，麻烦就更多，因为有了"合理分担"的问题。如果是多户人家养狗，谁家的狗叫，叫的响声大小如何，他们如何分摊赔偿金或如何分享补偿金就要先扯皮一番；如果是多户居民受到狗狂叫的噪音干扰，谁受害重谁受害轻，怎么分担费用或分享赔偿，也可能争论不休。正是因为这些交易成本，可能无法实现前面所说的资源配置——或是大家一看有这么多麻烦，也就望而却步了。

所以说，科斯定理的"逆反"形式是：如果存在交易成本，即使产权明确，私人间的交易也不能实现资源的最优配置。

再或者,假设张三从养狗中得到 500 元的收益,而李四由于狗叫要承受 800 元的成本。虽然李四为张三放弃养狗而进行支付是有效率的,但还有许多会引起协商失败的价格。李四想要 750 元,而张三只愿意支付 550 元。当他们就价格争执时,协商仍然是无效的。

当私人协商无效时,政府有时可以起作用。政府可以通过规定或禁止某些行为来解决外部性。例如,把有毒的化学物质倒入供水区中是一种犯罪。在这种情况下,社会的外部成本远远大于排污者的收益。因此,政府制定了根本禁止这种行为的命令与控制政策。除此之外,就是我们前面提出的庇古税,通过以市场为基础的政策向私人提供符合社会效率的激励。

第二章 排污权交易的基本范畴

第一节 环境经济政策

一、环境政策的概念

什么是政策？简单地说，政策就是个人、团体或国家政府在具体情况下的行动指南或准则。不过，在通常的观念中，政策往往只指国家政府颁布施行的行动准则，一般称为公共政策。

环境政策准确的说法应当是环境保护公共政策。几乎所有的环境政策都由两部分组成：一部分是整体目标的识别；另一部分则是实现这个目标的方法。

环境政策区别于其他公共政策，需要考虑以下几个方面。

（一）环境政策的具体性

环境是个大的概念，主要由时间、地点以及具体环境破坏要素构成。比如，雾霾多发生在冬季；工厂排放污染物的种类和浓度往往随时间而变化，由于河流的潮汐和丰水期、枯水期的交替，都会使污染物浓度随时间而变化。环境污染的地点可以是小范围的,如局部噪音污染,也可能是一个城市,如雾霾、有毒物质污染,也可能是全球问题,如臭氧层消耗、海洋污染等。具体环境破坏要素指具体的污染物质或环境破坏行为,如塑料污染、硫化物污染、粒子颗粒物污染等。环境问题是具体的,那么,解决环境问题的政策也应该是具体的。

(二)环境政策的费用问题

不经处理的工业有害废物直接排放会对环境造成污染,这一事实每个人都知道,但是仍然有大量的企业想方设法避开行政或法律监管,偷排、漏排废水、废气,随意倾倒有毒废弃物。其中,有些是对环境问题的认识不足,而更主要的原因则是污染防治所带来的高成本。

(三)环境政策的多样性

随着专业研究和管理实践的不断深入,环境政策的选择也越来越多。一般而言,环境政策包括三种类型:传统的自上而下的管制政策,主要是通过制定环保标准来约束管理对象的行为,强制限定企业排污量或使企业使用规定的减排技术;经济政策主要是通过市场手段来刺激行为人改变行为方式,企业根据自身排污量来决定税收或排污权交易;教育和信息政策则是通过道德感、公众舆论压力等推动行为人更为环保。一般来说,管制政策和经济政策能直接影响行为,管制政策效果更快、更直接,但难以根本改变行为者的认知和态度,而教育和信息政策虽然作用缓慢,却有长期的影响。但不论哪种方式,都要考虑费用、效果以及公平。

政府可以通过设定污染标准进行污染控制。政府通过调查研究,确定社会所能容忍或承受的环境污染程度,然后规定各企业所允许的排污量,凡排污量超过规定限度的,则会面临经济或法律惩罚。排污标准制度的好处在于,排污标准已经制定,通过严格执行,人们对该政策下形成的污染程度能够有比较准确的估计。但政府在规定各企业的排污限量时,面临着这样的问题:是进行"一刀切"还是区别对待? 由于不同企业降低同样排污量的成本是不同的,对不同企业规定不同的排污量标准要比同样的标准效率高。但是政府要有效率地实行区别对待,就必须知道各企业降低、消除污染的边际成本,而政府一般并未掌握这类信息。如果实行相同的排污标准,那么减污边际成本较高的企业,不得不忍受较高的成本以达到排放标准。因此,制定排污标准有可能导致排污成本高。那么有没有较好的机制呢?

二、环境经济政策

环境经济政策又叫市场型政策手段,指按照市场经济规律的要求,运用价格、税收、财政、信贷、收费、保险等经济手段调节或影响市场主体的行为,以实现经济建设与环境保护协调发展的政策手段。环境经济政策包括排污收费制度和可交易的许可证制度,通过内化环境成本,对各类市场主体进行基于环境资源利益的调整,引导和鼓励企业或个人做出控制污染的努力,从而建立激励和约束机制,以保护资源环境,形成可持续发展。一般而言,命令控制型政策法规为所有企业制定统一标准,并倾向于强制要求各企业都分担相似份额的污染控制成本,而忽视了它们各自的相对成本。如果说传统行政手段是一种外部约束的话,那么,环境经济政策则可以算作一种内在约束。

（一）排污收费制度

环境污染是产生负的外部性的一种主要形式，控制污染就成了治理外部性的一个主要方面。前面提到的庇古税是对排污者进行收费，可以把它看作是对使用环境而造成污染所支付的成本，这是一种私人成本。一方面，增加的私人成本具有调节产量的作用，另一方面，收费所带来的政府收入增加，可以被用作集中治理、新技术研究以及新投资补贴等。收费一般包括排污收费、产品收费和管理收费。排污收费是指向污染物排放单位收取一定的费用，原则上是按照所排放的污染物的数量或质量。产品收费是指对那些在制造过程或消费过程中产生污染或需要进行污染处理系统的产品进行收费或征税。管理收费则是指针对环境污染管理所带来的成本进行收费。收费制度中要考虑排污费的用途问题，要将重点放在环境收益方面，另外要控制排污收费的成本，这样才能保证环境改善效果。

（二）可交易的许可证制度

假设在管制的基础上，两家企业均被要求把排污量减少到300吨，其中A企业想增加排污量100吨，B企业表示如果A企业支付500万元，它就减少100吨排污量。从经济效率的角度看，这种交易没有任何外部影响，因为污染总量仍然是相同的，通过将B企业的排污权卖给A企业，可以提高社会整体福利。如果政府同意这种交易，那么这种许可证就成了稀缺资源，且形成了可交易的市场，会受到供求关系的影响。

如果引入市场机制，建立排污许可证市场，就可以规定每张许可证的许可排放污染物的数量，超过规定数量就可以采取巨额罚款。许可证的数量事先确定，以使排放总量达到有效水平，然后将许可证在各排污单位之间进行分配，并且允许买卖。如果有足够多的企业和许可证，就可以形成一个竞争性的许可证市场，那些减污成本较高的企业会从减污成本较低的企业那里购买许可证。这样，可交易的排污许可证制度，既能够有效控制排放水平，又可以使减污成本尽可能的低，是一种具有很大吸引力的制度。

排污许可证看似和排污收费不同，但实际上两种政策有相似之处，企业在两种制度下都要为污染支付成本。在排污收费制度下，排污单位必须向政府交税，在可交易的许可证制度下，排污单位必须为购买许可证进行支付。可以说，以上两种制度都是通过增加企业排污的成本而把污染的外部性内在化。

第二节　环境产权的内涵

一、环境产权的理论基础

环境产权的概念是从产权延伸而来的。产权是经济所有制关系的法律表现形式，是所有权人依法对自己的财产享有占有、使用、收益和处分的权利。产权也可以被看作是一定范围内的与物品相关的行为选择权，比如，你拥有一幢房子，可以居住也可以拿来出租，但是不可以提供给不法分子用于赌博，所以，并不能把产权简单地理解为对某种物品的拥有，而应该认为是一定范围内的与物品相关的有限行为的选择权。如果一个人没有适当的行为权，那么所谓的"拥有"是没有意义的，比如一个被家长剥夺了看电视权利的小孩,拥有一部电视机是没有意义的。

环境问题之所以发展到如此严峻的地步,一方面是所谓的经济人在经济活动中一味地追求个人利益的功利主义所造成的,但同时,也应该注意到环境自身公共物品的属性。美国学者哈丁在《公地的悲剧》一文中写了这样一个故事。一群牧民生活在一片草原上,草原是对所有牧民开放的牧场,草场是公有的,羊群却是私有的。假设每个牧民都力求使个人的眼前利益最大化,从个人眼前利益出发,应该尽可能增加自己的羊的数量,且每增加一只羊所带来的全部收入均由牧民个人独享。另一方面,当草场的羊群数量太多,超出了牧场的承受能力,每增加一只羊都会给牧场带来一定损害。但是,由于损害由全体牧民共同承担,每个牧民都还是会努力增加自己的羊的数量,而不去管由此带来的损害,因为会由大家分摊。随着羊的数量无节制地增加,公共牧场最终退化,成为不毛之地,所有的羊都被饿死了。

"公地的悲剧"向我们清楚地展示了环境的公共物品属性。在经济学中,一般按照排他性和竞争性将物品分为两类:私人物品和公共物品。对于私人物品,当该物品向一部分消费者提供,其他人则无法消费,这是排他性;随着消费者的增加,带来生产成本的增加,每多提供一件或一种私人物品,都要增加生产成本,这是竞争性。而"环境"确实符合非排他性和非竞争性的公共物品属性,你用我也可以用,你用多少我也可以用多少。可以说我们每一个人在如何使用以及使用多少环境资源这个问题上,彼此之间所处的地位都是平等的。但是,环境的自净能力不是无限的,当污染物达到一定上限之后,结局和"公地的悲剧"一样。因此,准确地说,环境是一种准公共物品。正是因为经济人的自利属性和环境的准公共物品属性导致了现在日益严峻的环境污染问题。

环境的准公共物品属性为我们提供了解决环境污染的思路。如果将环境这一准公共物品进行产权化，是不是就可以防止人们滥用环境？

二、环境产权的概念

自然资源不仅包括有形的矿产、土壤、水等，还包括空气、阳光、气候等，事实上，环境容量资源可以被简单地理解为自然资源，只不过和自然资源相比，它是一种客观存在的抽象概念。环境资源产权除了自然资源产权，还包括环境产权。环境产权是行为主体对环境容量资源的所有权、使用权、占有权、收益权和处置权等，为了简化，我们将其统称为排污权。因此，环境产权的使用权就是环境容量资源的使用权，即排污权（排放权）、固体废弃物的弃置权等。通过清晰的环境产权界定，可以约束人们的污染行为，引导人们遵守环境保护要求，尽量避免或减少因内部经济行为所导致的外部不经济性。

环境产权有其自身的特点。首先，环境产权，即排污权，实际上是对环境资源的使用权，与其他自然资源权存在区别。一个企业拥有环境产权，并不意味着它就拥有随意污染环境的权利，而是由环境资源的产权主体分配给企业的有限制的污染排放权。也就是说，环境产权只是表明企业拥有环境资源使用权。其次，环境产权是环境产权的权利主体按照规定，进行污染物排放的权利，是一种法律规定或制度安排的权利，因此，权利人拥有依法收益、处置环境产权的权利。与拥有其他产权的权利主体一样,环境产权人有权行使、利用这一权利进行正当获利和禁止其他人妨碍其行使该权利。最后,环境是一种资源,国家拥有环境资源的专有权,所以环境产权不代表绝对自由,权利人必须在国家许可的前提下使用权利,按照一定的排放标准,在规定的时间、地点按照规定的方式进行排污,并受一定条件的制约,从而合理使用和保护环境资源,防治环境污染。

环境产权是社会历史发展的产物,随着工业化、城镇化的推进,大量污染物的排放使得环境问题日益突出。在环境问题出现之前,不存在环境产权问题,因为所有的污染物排放都在环境可允许范围之内,地球环境容量免费为人类清除了所有的污染物。然而,当污染物的排放超出了环境容量,环境问题接踵而来,从而引发了人们对环境产权问题的思考。

第三节　排污权交易

一、排污权的概念

1968 年,美国经济学家戴尔斯首先提出了排污权概念,受到了各国的关注,随后,德国、澳大利亚、英国等国家相继开展了相关的实践。

排污权,又叫排放权,是指排放污染物的权利,具体而言,是指排污单位在环保部门分配的额度内,在确保该权利的行使不损害其他公众环境权益的前提下,依法享有的向环境排放污染物的权利。

环境容量资源是环境所能容纳污染物的最大负荷值,可以说，环境容量资源是稀缺的，污染源所排放的污染物会占用环境容量资源，因此，要想达到保护环境资源、促进经济社会可持续发展，就必须对污染物排放行为进行约束和限制。从经济学角度来看，污染物的排放使用了环境容量资源，所以排污权是指排污单位对环境容量资源的使用权。从法学角度来看，排污权的法律属性可以被界定为行政许可性权利。由于排污权实际上是一种排污许可，因此，在实践中，环保部门会根据排污单位的申请，依法核查实际排污量，并准予其排放一定量的污染物。排污单位在许可限度内排污是允许的，这是法定权利；但如果排污量超过排污许可，就要受到处罚，这是法律对其行为的一种约束。

在对排污权的界定方面，不同的角度侧重点不同，经济学更注重成本和收益，而法学则强调权利和义务。这里，我们可以将排污权定义为，在某一特定区域内，排污主体在环境总量控制的前提下，根据获取的排污指标量向环境排放污染物的权利。

二、排污权交易的概念

排污权交易，又称排污许可交易、可交易的许可证、可交易的排污权等。其基本思想是：在满足环境要求的条件下，通常以排污许可证的形式，建立合法的排污权，并允许这种权利像商品一样被买入和卖出，以达到控制污染物的目的。具体而言，政府作为社会的代表及环境资源的拥有者，把排放一定污染物的权利分配给符合条件的排污单位或给出价最高的竞买者。排污单位可以从政府手中购买这种权利，也可以向拥有排污权的其他排污单位购买，排污权可以在排污单位之间相互出售或者转让。

首先，政府作为环境容量资源的所有者，根据实际情况，如当地经济发展的现状及趋势、环境现状、社会诉求等因素,来确定该区域的环境质量目标,并据此确定该地区的环境容量;然后,推算出各种污染物的最大允许排放量,并将最大允许排放量进行拆分,分成若干规定的排放量,即若干排污权,按照合适的分配标准对排污权进行初始分配,以排污许可证的形式授予排污单位相应的排污权,同时,政府通过建立排污权交易市场等手段使排污权能够进行合法、顺畅的买卖;最后,各个排污单位在得到归其所有的初始排污权后,可以结合各自排污权需求量及污染治理的成本差异等因素,自主决定是自行治理污染还是在排污权二级市场①上购入或卖出排污权。排污权交易就是运用经济杠杆作用,调动排污企业的积极性来实现污染物总量消减,是一种被各国普遍认可的有效的经济激励手段。

三、排污权交易的意义

(一)排污权交易为政府和企业提供了较大的灵活性

政府确定排污总量,对排污权进行初始分配,并可以根据实际使用情况,通过政府行为进行调节。一方面,政府通过参与排污权市场交易,可以及时调整环境质量,从而平衡环境保护和经济发展。如果在排污权交易应用中发现总量标准偏高或偏低,政府可以卖出或买进排污权,来达到修正污染总量的目的。另一方面,企业可以根据自身治污成本情况以及排污权价格,在市

---

① 二级市场:二级市场是相对于一级市场而言的概念。排污权交易分为一级交易和二级交易,其中一级交易由政府主导,用于初始排污权在排污单位之间的分配,二级交易由市场主导,是排污单位及其他主体之间的再分配,相对应的排污权交易市场被分为一级市场和二级市场。二级市场是转让和流通的市场。

场中购买或出售富余的环境容量使用权,由于所有交易都是在总量控制范围内,因此并不会导致环境质量的进一步恶化,也具有较强的灵活性。

(二)排污权交易有助于降低政府管理费用、规范政府行为

在传统管制方式下,政府如果制定相同标准,阻力较大且无法体现公平和效率,但如果标准不同,环保行政部门就必须了解各行业的排污信息及排污技术水平,从而制定不同的排污标准,政策制定及执行过程成本较高。实行排污权交易制度可以大大降低政府的管理费用,因为环保行政部门只要事先确定好排污总量、初始分配方案以及相配套的交易政策,后续通过市场机制就可以进行资源的有效配置。

此外,排污权交易可以减少"寻租",有助于规范政府行为。传统管制方式容易出现政府与企业间的"寻租",而在排污权交易中,完善的交易制度以及清晰的交易流程都使企业失去了"寻租"的意义,企业可以完全放弃"寻租",将成本重点放在能够促进减少污染物排放的工作上来。

(三)排污权交易有助于优化产业结构

在传统管制下,企业没有动力主动通过污染治理设施的升级改造或技术革新来降低环境污染,因为担心政府提高环境标准,从而加重自身的成本压力。在排污权交易的模式下,企业节约的排污权可以通过出售来获取利益,因此,在利益的驱动下,企业会主动寻求新技术,以降低排污量及环境治理成本。在资源有效配置过程中,优质企业将会留在行业内,而那些不进行技术革新的劣势企业将会逐渐被淘汰,这对于环境保护发展以及行业产业结构升级有很好的促进作用。

通过对纳入整治提升的企业完成污染治理设施的升级改造，或产业结构升级达到减排的目的。

第三章　国外排污权交易的发展历程

第一节　美国排污权交易实践

作为排污权交易制度的起源地,美国最早开始研究排污权交易理论,从 20 世纪 70 年代中期开始,美国提出了一系列排污权交易方面的环境经济措施,取得了良好的效果。

一、排污权交易计划（EPA Emissions Trading Programs，EPA ET）

1963 年,美国颁布了《清洁空气法》（*Clean Air Act of 1963*）,这是以"清洁空气"为名的首部立法,不仅提出了针对空气污染研究和控制计划所制定的支持措施,还确定了一些需要加以控制的空气污染物,鼓励针对污染源制定相应标准。

20 世纪 70 年代,美国环保局开始尝试将排污权交易用于大气污染源管理,主要用于增加传统管制措施的灵活性,降低遵守《清洁空气法》空气排放标准的成本。

排污权交易计划的主要交易对象是"排污削减信用"（Emission Reduction Credit，ERC）,即当污染源的实际排放水平低于许可的标准水平时,就产生了永久性排放削减,称之为排污削减信用。排污削减信用通常被定义为一年中低于许可排放水平的吨数。经排污单位申请,并经政府管理部门审批后,该排污削减信用可用于市场交易。最常见的取得排污削减信用的方法是关闭污染源或减少污染源的生产量。当然,也可以通过改造生产工艺和安装污染控制装置来实现。

基于排污权交易,美国出台了四项限制排污的交易计划。

(一)补偿政策(Offsets)

为解决污染源新增和现有污染源扩建问题,1976 年 12 月,美国环保局颁布了《排污补偿解释规则》,制定补偿交易政策,即如果新增污染源安装了污染控制设备,达到了最低可排放率(Lowest Achievable Emission Rate),并能够通过该地区其他污染源的超额削减来抵消新污染源增加的排放量,才能允许其发展。

该政策允许在非达标区新建或改建污染源,前提是新建、改建污染源不仅要使用当前最严格的污染控制技术,而且首先要能从该地区的其他污染源获得足够的排污削减信用,使得新污染源出现后,该地区的总排放量不高于当前水平。当时规定,新污染源必须获得比拟排放量多 20% 的排污削减信用,即获取其他污染源 20% 的超额削减,以实现总量控制。因此,补偿政策的实施使得经济增长和环境保护的政策目标初步得到了协调。

通过补偿政策,不仅满足了经济发展,同时也保证了空气环境质量的达标进程。该政策在 1977 年的《清洁空气法》修正案中获得法律认可。

经济的可持续发展必然需要新的企业进入,这也意味着排污单位的增加,意味着该地区环境负担的增加。补偿政策为环境未达标地区的经济发展问题提供了解决方案。此外,补偿政策推行之后,新排污单位在开始运营的同时,就会有意识地为现有环境减负提供较为充足的资金,最终保证该地区的环境负担逐渐减轻。这项政策的推行有助于解决经济增长问题和未达标地区环境污染改善之间的矛盾,使经济增长与改善空气质量之间的矛盾得到了统一。

(二)气泡政策(Bubble)

最早的气泡概念是美国环保局在 1975 年 12 月颁布的《新固定源执行标准》(*Standards of Performance for New Stationary Sources*)中提出来的,然后在 1977 年的《清洁空气法》修正案中获得法律认可。1979 年,美国环保局公布了一项名为"州执行计划中推荐使用的排污削减替代政策",即通常所称的气泡政策。该政策适用于一个地区现有的排污源,政策对象是拥有多个排污源的企业,即将一个排污企业的多个排污源当作是在一个假想的"气泡"中的不同企业对"气泡"的排污进行总量控制,在达标前提下,不考虑每个排放点的具体排污量,允许"气泡"内各污染源从控制成本的角度相互调剂各自的排污量。各排污单位可以根据各排污口治理成本的高低情况,进行自我调整,从而使"气泡"内的总体污染控制成本最小化。

气泡政策取得了很大成功,美国环保局在 1986 年将适用范围进一步扩展,"气泡"扩大到了同一个地区中的不同排污单位,同处于一个"气泡"中,就有了进行排污权有偿交易的需要,环境治理的效益也就更加显著了。

在 1986 年的最终政策之前,美国环保局批准或提议了大约

50 个特定的"气泡"。根据美国环保局的一般气泡规则,还批准了另外 34 个"气泡"。1986 年以前美国环保局批准的"气泡"估计比传统管制方法节约了 3 亿美元,州政府管理部门批准的"气泡"估计节约了 1.35 亿美元。1990 年以后,气泡政策完全终止。

气泡政策是以某一特定区域为对象,对环境总体状况进行控制,如果排污单位自身治污成本太高,可以通过购买属于同一个"气泡"之内的其他排污单位的排污权,达到自身的环境标准要求。在一个"气泡"范围内的多个排污单位,通过加大力度治理低成本污染源的方式来替代对高成本污染源的治理,保持排污总量恒定不变或渐次减少。该政策可以使排污单位以尽可能低的成本实现减排目标,是现代排放权交易的雏形,对日后的排污权交易起到了关键的促进作用。

(三)储存政策(Banking)

最初,美国环保局并没有排污削减信用的储存机制,认为不符合《清洁空气法》的基本政策。在没有储存机制的情况下,企业并没有足够的动机获得排污削减信用,或者会想方设法将结余用掉,这样有可能出现更加集中的污染源排放。此外,由于市场上新的排污削减信用供给不足,导致市场供需不平衡,排污单位如果想要进行新建或者扩建,就需要在市场上花大力气寻找排污削减信用,排污交易市场的不成熟日益显现出来。

1979 年,美国环保局通过了储存政策,排污单位可以将其在指定年份(或其他时间段)被分配到的或确认的没有用完的排污削减信用储存在银行,以备将来使用。各州有权制定本州的储存计划和规定,包括排污削减信用的所有人资格、所有权,以及排污削减信用的管理、发放、持有、使用条件等内容，为储存政策的实施提供明确的依据。储存政策实际上是在法律意义上承认了排污单位对排污削减信用所拥有的所有权，不仅有利于激励排污单位采用新技术、新工艺的积极性，还可以促进经济效益、环境效益的平衡增长，达到了良好的效果，可以说，储蓄政策使企业在减排及发展两方面实现了双赢。

一方面，企业有可能希望为今后的扩大生产提前预留空间；另一方面，某些排污单位在有结余排污削减信用的情况下能够在市场上找到合适的买家。企业会担心结余的排污削减信用因没有用上或未出售而浪费掉，因此，如果没有排污权的存储制度，就会严重打击企业治理污染的积极性，使其没有动力去提高技术不断地推动污染治理的效果。储存政策实际上是一项排污削减量交易政策，该政策的施行使得排污单位能够在法律的保护下可以将节余的排污削减信用作为"存款"存入银行，既可以将"存款"用于自己日后发展使用，也可以在适当的时候将其出售给其他合适的排污单位，从而获益。

虽然美国环保局批准了几宗排污削减信用储存项目，但其中也不乏对排污削减信用使用加以限制的条款，主要是考虑到存入银行的排污削减信用的不确定性。美国环保局授权了不少于 24 家银行受理排污削减信用储存申请事宜，这些银行大多只提供登记服务，以帮助排污削减信用购买者联系到潜在的销售者，有些银行还规定排污削减信用只有 5 年有效期。

储存政策在法律上承认了排污单位所享有的对结余削减量的所有权，鼓励有条件或有能力的排污单位及时进行设备更新、使用清洁工艺和清洁技术，而且为新建或扩建企业提供了最低成本的发展渠道,使环境保护和经济发展达到了统一,促进了可持续发展。储存政策以法定形式确立了排放削减信用,为排污交易行为奠定了制度基础。

(四)容量结余政策(Netting)

容量结余政策,又被称为"网状"计划。1980年,美国开始在防止明显恶化(Prevention of Significant Deterioration,PSD)地区和未达标地区制定各项容量结余计划规则,随后又于1981年将该计划扩大到达标地区。在容量结余政策实行之前,对于扩建或改建项目,一般通过计算该项目的预期增量,来确定其是否需要进行新污染源审查程序。而容量结余政策则规定,只要排污单位及其下属分支机构的排污净增量并无明显增加,则允许其在进行改建或扩建时,无须进行污染审查所要求的举证和支付行政费用,即排污单位可用其持有的排污削减信用抵消改建或扩建部分预增的排污量,只有当实际排污量超过排污削减信用预增量时,其改建或扩建项目才会重新受到审查,对于改建、扩建的排污单位而言,免除或者减少了因新增污染源而要承担的各种行政负担。

容量结余政策简化了行政审批程序,避免了审批程序对经济活动的过分干预,为排污单位带来了多方面的成本节约:排污单位改建或扩建项目不会被统一归为新污染源,避免了更严格的排放限制;可以不必经历主要污染源排污权的申请程序,从而节约成本;避免了因申请排污权所引起的可能的工程建设延期,从而进一步促进了成本的节约。

容量结余政策是排污权交易政策中应用最广的一项,有资料估计,该政策在美国5000—12000个污染源中得以应用。容量结余政策和补偿政策在实行的方式和效果上相近,和气泡政策在政策范围上类似,但其着眼点在于减少行政审批程序对经济活动的发展阻力,更多体现在了行政效率提升和公共秩序维护上。

1982年4月,美国环保局颁发《排污权交易政策报告书》。在这份报告书中,将补偿、气泡、储存和容量节余政策整合成统一的排污权交易计划,允许美国各州建立排污权交易系统,通过排污削减信用的储存与流通进行排污削减量的交易。

排污权交易计划为排污权交易提供了宏观政策上的指导,经过数次修改后,被加入到1986年由美国环保局发布的《最终排污权交易政策的声明》(*USEPA's Final Emission Trading Policy Statement*)之中,并阐明用于标准污染物(如氧化硫、氮氧化物、颗粒物、一氧化碳和导致地面臭氧形成的挥发性有机物)的排污削减信用交易。

1986年12月,美国环保局进一步颁发了《排污权交易政策总结报告》,对排污权交易市场的范围、参与交易的污染物种类和数量限额,以及对排污削减信用的产生、使用和银行储存等做出了相应规定和限制。

二、铅淘汰计划(The Lead Phaseout Program)

在补偿政策的启示下,美国政府开始利用排污许可证交易来促进汽油中铅的淘汰。20世纪80年代初,美国确立了在规定日期前将汽油含铅量削减到原有水平10%的目标。1982年,美国环保局向各炼油厂发放了一定量的"铅权",并规定允许炼油厂在淘汰期之前的过渡期内使用一定数量的铅。如果企业能够提前完成铅淘汰任务,并存在"铅权"剩余,就可以将富余"铅权"出售给其他的炼油厂。

在铅淘汰计划的政策激励下,炼油厂都想方设法尽快削减铅含量,因为提前削减可以省出"铅权"来出售,而另外一些无法如期达到铅淘汰要求的企业则会购买"铅权",甚至在设备出故障时,也可以用买到的"铅权"达标。为了促进新管理制度的顺利实施,美国政府还于 1985 年建立了"铅银行"制度,实现"铅权"的储存,直到 1987 年 12 月 31 日铅淘汰计划完成才终止。

在铅淘汰计划中,炼油厂"铅权"交易行为十分活跃,为其达到政府要求的铅量削减水平提供了较大的灵活性,可以说是环境目标实现方面的一个成功案例。1985 年全美超过一半的炼油厂都参与了"铅权"交易,企业间交易的次数远远高于早期排污权交易中的表现。铅淘汰计划不像以往的行政管制,政府和炼油厂无须再花费大量精力为淘汰期限是否合理而争执。此外,如果按传统模式只规定完成淘汰的期限,炼油厂则往往等到不得不淘汰的时候才会执行淘汰任务,而通过"铅权"交易可以激励炼油厂提前完成淘汰计划,以最低的成本实现了最大的效益。

三、减少臭氧层消耗物质计划（Reducing Ozone-Depleting Chemicals）

为保护地球臭氧层,1987 年 9 月,联合国邀请 26 个国家签署了《蒙特利尔协定书》。公约签署后不久,1988 年,美国国家航空航天局发表《全球臭氧趋势报告》,说明损害的增长远比预料的要快,最初设定的削减目标无法达到保护臭氧层的目的。

于是,1990 年 6 月,联合国于英国伦敦召开了《蒙特利尔协定书》缔约国第二次会议,并签署了一份新的保护臭氧层协议。在此情况下,美国选择了建立可交易许可证体系的办法来履行其在公约中的承诺。1988 年 8 月,美国环保局颁布法规,实施可交易许可证制度来实现削减目标,针对所有主要受控物质,以一定的生产或消费水平为基础确定各企业获得许可配额的基准线。起初,各生产商和消费者可以获得相当于基准线 100% 的许可,规定的限期之后就只能获得很小的比例了。伦敦会议之后,美国政府对这一比例进行了调整,以适应新的要求。

该计划还规定,企业获得的主要受控污染物的许可配额不仅可以进行转让,而且还可以与其他签约国的企业进行跨国交易,只要环保局统一交易,并通过调整买卖双方国家的许可数量即可。只要能够证明企业以合法的方式消除了某种受控污染物,企业就可以获得等量的生产许可。此外,某些具有同类环境影响的不同污染物也可以进行相互交易。该计划的独特之处在于,它不仅允许污染物可交易许可证的国际间交易,而且还应用了许可交易体系和税收体系。

四、酸雨计划（The Sulfur Allowance Trading Program）

迄今为止,可交易许可证手段最成熟的案例当数"酸雨计划",该排污交易政策的目的是为了进一步削减和解决电力行业排放的二氧化硫（SO_2）所造成的区域性酸雨问题。

酸雨计划是 1990 年美国国会通过的《清洁空气法》修正案第四条规定的,是涵盖美国全国的二氧化硫排放交易计划。对于造成酸雨的排放物,该计划要求电力行业要在 1980 年的水平上削减 1000 万吨。实施酸雨计划的目的主要有三方面:一是通过削减二氧化硫和氮氧化物(NO_X)的排放量,促进环境的改善,满足环境保护的要求;二是推进排污权交易,通过环境经济政策,达到资源的有效配置,实现经济效益的最大化及可持续发展;三是通过政策制定起到污染预防的作用,并为节能减排技术的更新升级起到促进作用。

酸雨计划分两个阶段实施,对排污许可进行总量控制,并逐渐削减,最终达到 1000 万吨的削减量:第一阶段从 1995 年到 1999 年,主要对美国东部和中西部 21 个州 110 个电厂的 263 座燃煤装置进行管理,后来又有 182 座装置加入,要求比 1980 年减少 350 万吨二氧化硫排放量;第二阶段从 2000 到 2010 年,管理对象扩大到 2000 多家,包括规模在 2.5 万千瓦以上的所有电厂,目标是使它们的年二氧化硫排放总量比 1980 年减少 1000 万吨。排污许可按规定进行初始分配,排污单位可以通过自行减排达到要求,超额减排所形成的多余许可可以储存起来以备将来之用,也可以进入市场进行自由贸易,出售给那些排污许可短缺的排污单位。

美国二氧化硫排放总量目标决定了每年分配给电厂的排污许可的数量,相关排污单位必须持有足够的排污许可证才能进行排放。此外,酸雨计划还要求每一个受影响的排放单位在每座排放烟囱上安装连续排放监测系统来监测实际的二氧化硫排放,并向环保局报告。年末,每个排放单位在环保局的账户上必须有足够的许可,以抵消连续监测系统记录的实际排放量,否则,要受到相应的惩罚:每超过 1 吨交纳 2000 美元的罚款。

随着二氧化硫交易体系的实施,市场上的排污许可证交易日益活跃。1994年,交易数量只有215起,到了1997年,该数据迅速增长到1430起,1998年排污交易市场继续保持强劲,在许可跟踪系统中,有1548宗交易完成了1350万份许可证交易,二氧化硫排污权交易市场很快发展了起来。

酸雨计划之所以取得成功,根本原因在于它引入了市场手段,真正激发了企业降低污染的积极性。二氧化硫许可证交易按照市场导向建立了拍卖市场,买卖双方价格透明,避免了交易成本过高的问题。此外,该计划允许包括中间商、环境组织和普通公民在内的任何人购买许可证。二氧化硫交易计划取得了较大的成功,自酸雨计划实施以来,二氧化硫排放总体呈现不断下降的趋势,减排效果较为明显,尤其是第一阶段,二氧化硫排放量下降的速度超过了预期。2007年,二氧化硫排放总量首次低于酸雨计划所指定的目标总量,提前三年完成目标,并在此后仍呈现继续下降的趋势。通过酸雨计划,环境质量确实得到了明显的改善,1995年,美国东部酸雨出现的次数减少了10%—25%,2003年,湖泊和溪流的酸污染情况也有所恢复。

五、区域清洁空气激励市场计划（Regional Clean Air Incentives Market Program，RECLAIM）

20世纪90年代,美国南加州大洛杉矶地区空气污染严重,氮氧化物与硫氧化物（SO_X）的排放虽然达标,但是会在大气中产生化学反应,从而使得臭氧（O_3）和PM2.5仍然处于超标状态。因此,1993年10月,美国加州南海岸空气质量管理区（SCAQMD）出台区域清洁空气激励市场计划（RECLAIM）,确定了排污设备排放氮氧化物和硫氧化物的上限,并规定设备采用加速折旧法。

美国《空气质量管理计划》(AQMP)是实现空气质量标准的蓝图,根据 AQMP 要求的空气质量标准,RECLAIM 计划设置了不同时期污染物削减目标。第一阶段,区域内氮氧化物和硫氧化物年度配额总量分别降低 70% 和 60%;第二阶段,区域内氮氧化物年度配额总量降低 20%;第三阶段,区域内硫氧化物年度配额总量降低 51%。

RECLAIM 计划中排污削减信用的初始分配采用的是免费分配的方式。初始配额根据排污单位历年的排污控制情况以及在削减方面所做出的努力进行确定,RECLAIM 计划的排污削减信用额度不能存储,有效期为一年,一年期满后,如果排污单位有余额,那么在 60 天的调整期之后可以进行出售,如果有排污单位需要提高生产、增加设备或者未安装减排设施的,则可以在市场上购买所需配额。

RECLAIM 计划中的排污削减信用交易没有固定的交易平台,交易主体之间通过点对点的分散型方式进行。RECLAIM 辖区管理局不进行市场管理和价格控制,只建立正式的登记制度,以追踪排污权削减信用的价格,此外,还建立了公告平台为工厂提供供给信息。

常规空气污染物在空气中扩散具有不均匀性的特点,因此,在排放总量相同的情况下,如果某一地区的多个污染源集中排放,会造成局部污染物浓度过高,也就是"热点"问题。

南加州沿海地区的排放企业较多,很容易形成"热点",因此 RECLAIM 计划将政策实施范围划分为两个交易区域:沿海和内陆。沿海地区排污单位的交易权利受到限制,它们只能在沿海区域购买排放配额,而内陆区域的企业则可以从两个区域中任意购买排放配额。另外,由于风向影响,沿海地区的污染物易于流向内陆地区,因此,通过区域划分和权利限制可以避免沿海地区的排污单位集中排放污染物,同时也体现了公平性原则,具有很强的借鉴意义。

RECLAIM 计划中的每个排污设施均对应一个设施许可证,详细记录与排放设施有关的所有信息,包括排污削减信用数量、削减目标、连续监测方案、排放记录和报告、核查与处罚方案等。除许可证中明确说明涉及商业机密的信息外,其他信息必须全部无条件地向社会团体和个人公开,以保障公众的环保监督权益。

此外,超出 RECLAIM 计划年度排放配额的设施将受到强制执行处罚,受罚的排污单位如果当年不能完成排污削减量,将会自动延续到下一年度完成,未达标的同样还会受到罚款处理。

RECLAIM 计划虽然和酸雨计划下的二氧化硫许可交易同属于总量控制型的排污权交易体系,但 RECLAIM 计划还是有所区别的。作为一个区域计划,RECLAIM 计划很大程度上考虑了如何通过交易政策应对像集中排放这样的环境影响问题。此外,RECLAIM 计划报废旧车这种移动污染源也纳入了排污削减信用交易。

RECLAIM 计划的基本思路是通过发放排污许可证给各污染源,并逐步减少所授予的排污削减量。该计划对氮氧化物和二氧化硫排放量达 4 吨的固定源起到了控制作用,但某些污染源比如租赁设备和基础公共设施却被排除在计划控制范围之外,最典型的是垃圾填埋场和污水处理厂等。南海岸空气质量管理区一直在考虑扩大这一计划的适用范围,最终实现固定源和流动源之间的交易。

六、东北氮氧化物预算交易计划（NOx Budget Trading Program，NBP）

美国环保局于 2003 年开始实施氮氧化物预算交易计划（NOx Budget Trading Program，NBP），东北部 22 个州联合实施氮氧化物排放控制项目,目的是实现夏季臭氧浓度达标。氮氧化物预算交易计划是一个以市场为基础,为控制发电厂、大型工业锅炉、汽轮机等大型燃烧源的氮氧化物排放,以降低温室气体排放上限的交易方案。

该计划共有东北部 22 个州参与其中,也属于区域性减排计划,但由于范围较大,对于区域内的排放控制和空气质量达标更加有利。美国环保局负责对计划进行设计和管理,直接负责登记,并对各州分配排污量配额的方法提出可选择方案。针对不同规模的排放源,其排污量配额使用的计算方法不同。对于大型排放源,排污单位必须安装连续排放监测系统,而较小的排放源则可以使用较简单的排放估算方法。该计划还对超额排放规定了处罚措施,对于当年排放超出所持配额的排污单位,环保局按 3∶1 的比例扣除其下一年的排污量配额。有了环保局的密切参与,NBP 制度相对更加完善,取得了明显的氮氧化物减排和环境改善效益。

七、气候变化措施

为了应对气候变化,美国积极推进企业碳减排进程,美国多个州都设立了碳排放交易市场激励企业削减碳排放,主要包括区域温室气体削减计划(Regional Greenhouse Gas Initiative)、清洁空气州际法规(Clean Air Interstate Rule)、加利福尼亚和西部气候计划(California and the Western Climate Initiative)、中西部气候变化行动(Midwestern Greenhouse Gas Reduction Accord)和以芝加哥气候交易所为代表的气候变化自愿性计划。

(一)区域温室气体削减计划

纽约等 10 个州在发电厂二氧化碳(CO_2)减排方面达成共识,制定了区域温室气体削减计划。该计划作为第一个强制执行的针对二氧化碳排污权交易项目,建立了以市场为基础的多州参与的碳总量管制与排放权交易制度,以减少区域内电力行业的碳排放,目标包括:2009—2015 年区域保持二氧化碳排放稳定在当前水平;到 2019 年,碳排放减少 10%。所有排放许可都通过区域内拍卖进行交易。此外,电厂可以通过投资已核准减排项目来抵消限排总额的 3.3%,在不影响总量目标的情况下,增加了电厂减排的灵活性。

(二)二氧化硫年度交易计划、氮氧化物年度交易计划及季节交易计划

这些计划的代表性政策法规为 2005 年的《清洁空气州际法规》,旨在东部 28 个州和哥伦比亚地区逐步降低氮氧化物和二氧化硫的污染排放,具体分两个阶段实施:第一阶段为 2009—2014 年的氮氧化物年度交易计划,其限制排放量为 150 吨,2010—2014 年的二氧化硫年度交易计划,其限制排放量为 360 吨;第二阶段从 2015 年开始,氮氧化物年度限制排放量为 130

吨,二氧化硫年度限制排放量为 260 吨。

(三)加利福尼亚州和西部气候计划

代表性政策法规包括 2006 年的《加州全球变暖行动法》(*Global Warming Solution Act*)、2008 年的《区域性限量排放与交易制度设计草案》(*Draft Design of the Regional Cap-and-Trade Program*)和 2009 年的《加州低碳标准计划》(*Low Carbon Fuel Standard Program*)。

《加州全球变暖行动法》是美国加利福尼亚州推出的对抗全球气候变暖的州际法律,也是美国各州历史上第一部温室气体总量控制法案,具有十分重要的地位。该法案规定:到 2020 年加州主要工业的温室气体排放量减少约 25%,将总量排放控制在 1990 年的水平。2012 年开始出台了一系列制度和市场机制实施计划对主要污染源进行强制限制。

美国和加拿大的西部区域减排计划《区域性限量排放与交易制度设计草案》规定 2020 年将温室气体排放降低 15%,达到 2005 年的水平,该项目不仅包含电力、工业、运输,还扩展到了商业染料和居民住宅等。

《加州低碳标准计划》的主要目的是减少由各种内燃机驱动车辆所带来的二氧化碳排放,同时还考虑了整个生命周期,以减少碳足迹。该计划要求到 2020 年,加利福尼亚州交通业所产生的温室气体排放至少降低 10%。该标准将引导、管制和排放交易相结合,基于市场机制,允许排污单位在响应消费者需求的同时减少二氧化碳排放。

(四)中西部气候变化行动

2004 到 2007 年,美国中部地区先后和加拿大的曼尼托巴省、安大略省等共同开展碳减排计划,制定了《大平原能源计划》(*Powering the Plains Initiative*)和《中西部温室气体减排协定》(*Midwestern Greenhouse Gas Reduction Accord*),实施对象包括电力、工业、居民、商业、交通等,计划到 2020 年温室气体排放量在 2005 年的基础上减少 18%—20%,到 2050 年减少 80%。中西部气候变化行动旨在建立与各签约州目标一致的温室气体减排目标和时间框架;建立以市场为基础的跨行业、多部门限额排放与交易机制,共同实现减排目标;建立监管体系,以便为减少温室气体排放的排污单位提供追踪、管理和信贷;制定并实施实现减排目标所需的其他步骤,例如低碳燃料标准、区域激励措施和筹资机制。但是,随着美国部分州对气候政策立场的改变,该行动从 2012 年以来一直处于非活动状态。

(五)自愿性计划(Chicago Climate Exchange,CCX)

芝加哥气候交易所(CCX)是北美唯一一个自愿性质的、具有法律约束力的温室气体减排和交易系统,用于北美和巴西的排污源抵消项目。会员自愿参与,并在法律上联合承诺减少温室气体排放,通过市场进行自由交易,超额完成的减排指标还可以储存,从而达到平衡企业效益和减排的目的,加入该交易所的企业承诺到 2010 年将总排放量减少 6%。芝加哥气候交易所的温室气体排放交易种类包括六种,而非二氧化碳温室气体排放则需转换成二氧化碳当量。该计划从 2003 年开始,CCX 卖方提供有效认证机构所发放的独立认证,才能交换温室气体排放配额。

2010 年 7 月之前,CCX 由上市公司 Climate Exchange PLC 运营,该公司还拥有欧洲气候交易所。交易系统包括:交易平台负责注册管理机构账户，并进行交易；清算和结算平台负责对所有交易信息进行加工，管理机构账户持有人拥有的碳金融工具官方数据库。2010 年 7 月，洲际交易所收购了 Climate Exchange PLC，随后宣布该公司位于芝加哥的劳动力中有一半将因美国碳市场不活跃而被解雇。尽管气候交易所表示仍将促进碳交易，但是 2010 年 11 月停止了碳信用额交易。

美国排污权交易制度较成功的案例要数铅淘汰计划和酸雨计划。在保证成本—效益的情况下，实现了环境保护的目标，获得了多赢的结果，同时也带动了全球排污权交易制度的发展，为其他国家的排污权交易实践提供了借鉴。而美国的温室气体排放权交易由于涉及多利益团体，且公众支持度并不如铅淘汰计划和酸雨计划，因此遇到了一定的阻力，进展并不顺利。

第二节　欧盟国家排污权交易实践

除了美国，欧盟国家在排污权交易政策方面也取得了一定的进展，尤其是在碳排放权交易方面，欧盟每年碳排放权交易量和交易金额占全球总量的 3/4 以上。

2006 年，《京都议定书》正式生效，目的是为了控制二氧化碳等温室气体的排放，建立国际气候制度，加强国际间合作。欧盟为实现成员国承诺的减排任务，于 2005 年制定了世界上第一个多国参与的排放交易体系：欧盟排放交易体系（European Union Emission Trading Scheme，EU ETS）。为履行《京都议定书》承诺，该体系将《京都议定书》下的减排目标分配给各成员国，要求参与欧盟排放交易体系的各国按照欧盟规定分担相应减排量，再由各成员国根据国家分配计划分配给各排污单位，各排污单位再通过技术升级、改造等手段，达到减少二氧化碳排放的要求，如果排污权配额有结余，可以卖给那些未完成减排目标的排污单位，最终要实现 2008—2012 年温室气体排放量较 1990 年减少 8% 的目标。整个欧盟排放交易体系几乎占欧盟二氧化碳排放总量的一半，是全球最大的碳排放总量控制与交易体系，所覆盖范围包括 12000 多座电站、工厂及其他工业设施，涉及能源业，钢铁制造与加工处理业，矿产工业（包含水泥、玻璃、陶瓷等产业）与其他产业（包含纸浆业与造纸业）等。

欧盟排放交易体系利用总量管制和交易（cap-and-trade）规则，在限制温室气体排放总量的基础上，各排污单位会分配到相应的排放量。每个排污单位必须在每年年底提供排污信息，如果排放量超出了排污许可配额限制，需要购买相应的配额，否则会受到罚款。相反，如果有排污单位通过改造、升级治污设备，降低了排放量，则可以保留排污许可配额以供未来需要，或者和有需求的排污单位进行交易。

欧盟排放交易体系包括两个阶段。第一阶段为 2005—2007 年，为了获得开展总量交易的经验，为后续阶段正式履行《京都议定书》奠定基础，欧盟提出"做中学"（learning-by-doing）的思想，成员国和排污单位可以借此机会进行适应，同时，欧盟也可以对制度执行中存在的问题加以修正，进而逐步实现对《京都议定书》的承诺。在选择所覆盖的产业方面，欧盟要求第一阶段只包括能源产业、内燃机功率在 20MW 以上的企业、石油冶炼业、钢铁行业、水泥行业、玻璃行业、陶瓷以及造纸业等，并设置了被纳入体系的排污单位的门槛；在交易对象方面，第一阶段只考虑对气候变化影响最大的二氧化碳的排放权交易,并不包括《京都议定书》中所提出的其他五种温室气体,而其他产业和温室气体将在第二阶段逐渐加入。

第二阶段为 2008—2012 年,期限为 5 年,与《京都议定书》的第一个承诺期一致,正式执行《京都议定书》的承诺,各成员国在获得欧盟委员会批准的条件下,可以单方面将排放交易机制扩大到其他温室气体种类,并涉及其他部门,且市场的规模既可以在国内,也可以遍及整个欧盟。

第二阶段后,以五年为一期作为执行阶段,即第三阶段从 2013 年开始,排放总量每年下降 1.74%,以确保 2020 年温室气体排放要比 1990 年至少低 20%。

欧盟排放交易体系的交易单位为欧盟排污权配额(European Union Allowance Units,EUAs),1 公吨的二氧化碳当量(Tonne CO_2 Equivalent,TCO_2e)记为 1 单位的 EUA,该交易单位可用于第一阶段及第二阶段的欧盟各国的减量承诺,也可以用于各国之间的排污权交易,即难以完成削减任务的国家可以花钱从超额完成减排任务的国家买进额度。

欧盟的排污权配额交易通过排污权交易软件平台进行交易,由具有经验的能源期货交易所或证券交易所负责进行排放交易平台的建立及维护工作。目前共有包括欧洲气候交易所(European Climate Exchange,ECX),欧洲能源交易所(European Energy Exchange,EEX)等多个交易平台进行排污权配额交易,其中交易量最大的是欧洲气候交易所,约占整个欧盟排放交易体系的 85%。

排污单位每年都要上报其排放量和排污权配额的差额,一且超出配额,第一阶段每公吨罚款 40 欧元,第二阶段的罚款金额上涨至每公吨 100 欧元,且必须于下一年补齐。

在欧盟排放交易体系下,欧盟各国积极探索在总量框架内的排污权交易制度,具有代表性的国家包括德国、荷兰、芬兰等。

一、德国的排污权交易制度

德国作为发达的工业化国家,能源开发和环保一直走在世界前列。目前,环保已成为其经济、社会可持续发展的重要内容,保护气候、减少温室气体排放的具体指标也列入了可持续发展的总指标体系中,环保方面的法律制度也非常完善。

为有效进行环保,2002 年初德国法律规定实施碳排放权交易制度。当时德国环保局组建专门管理机构,对排污单位的机器设备进行全面调查,研究建立与排污权交易相关的法律事宜。目前已形成了较全面的法律体系和管理制度,包括排污权初始分配、交易许可、收费标准等。同时还建立了管理排污权交易事务的专门机构,负责发放排污许可证、核实排污单位报送的排污申请报告、以账户形式对每个排污单位进行登记、与欧盟和联合国进行合作等事宜。这些基础性工作奠定了排放权交易在德国的法律地位。

根据《京都议定书》和相关法规要求,在参与的排污单位选择上,德国对国内所有二氧化碳排放的机器设备进行调查,对于排放量达到一定数量的设备,排污单位要在与联邦环保局达成自愿协议的基础上,经审核方可取得一定的排污权配额,并可进行交易。同时严格规范排污权交易的申报程序,在申报过程中,排污单位要按其归属逐级申报。联邦环保局是唯一受理并分配排污权的部门。权力的高度集中有利于排污权的管理,进而实现对欧盟排放交易体系承诺的减排量。

(一)《温室气体排放交易法》

2004年7月,德国颁布了《温室气体排放交易法》,其中规定了排污权交易的基本原则,通过排污权交易系统将温室气体排放和交易纳入法律范畴,目的是有效率地降低温室气体的排放,促进世界范围内的环境保护。该法规定,德国境内所有二氧化碳排污源都必须受到监管,对于排污量达到一定数额的设备,企业需经过批准方可获得排污许可证进行交易,排污许可证按照季度审核。《温室气体排放交易法》是在德国境内进行排污权交易的前提性法律依据。

(二)《排污权交易费用规定》

在排污权交易体系下,德国根据《温室气体排放交易法》第20条第1款要求相关独立机构计算排污设备排污量的规定,进一步推出了《排污权交易费用规定》,其中,将排污许可证分为三个级别,分别是:排污许可配额在15万以下的;排污许可配额在15万到150万之间的;排污许可配额在150万以上的。每个级别需要支付的金额从3200欧元到9600欧元,其中每一个被分配的排污许可配额又需要花费0.035欧元,费用通过设立在德国排污权交易登记处的账户来支付。

(三)《项目机制法》

该法于2005年9月生效,其目标是根据《京都议定书》第六条对联合履行机制的规定,作为缔约方,实现德国与其他国家在项目上的合作,进行减排额度的转让,联邦政府支持通过清洁发展机制来实现节能减排的目的。《项目机制法》在很大程度上为排污权交易制度提供了有效的法律支持，为德国排污权交易的机制发展提供了法律保障。

可以看出，为了实现欧盟排放交易体系对于欧盟各国排污限额的要求，德国采用的是总量控制与交易的排污权交易制度，通过政府主导进行排污许可证交易。德国自实行排污权交易制度后，取得了较好的减排效果。2017年，德国1830个固定装置排放了约4.38亿吨二氧化碳当量，比2016年减少了3.4%。这意味着排污交易部门排污的减少量大于温室气体排放总量的减少量。

总体而言，德国排污单位的履约率很高，积极实现对《京都议定书》的减排承诺，为整个欧盟温室气体排放量下降做出了巨大的贡献。德国发展了项目制排污权交易机制，并成立了"应对温室效益排污权交易工作小组"，此外，排污单位及公众对温室气体减排的意识有所加强，各界人士共同关注和积极应对，实现了经济和环境效益的双赢。

当然，德国的排污权交易制度也存在一些问题。政府经济部门和环境保护部门的利益追求及目标不同，前者负责企业经济稳定发展，而后者强调环境目标及欧盟排污权分配量，因此在实际工作中存在矛盾，导致在操作中，排污权交易制度的效果没有达到最大化。考虑德国经济发展速度和大量难民入境等现实情况，实现2020年的减排目标困难很大，恐怕要推后数年，但仍有望维持2030年减排55%的计划。

二、芬兰的《航空排放交易法案》

芬兰是世界上环境保护和治理工作最具成效的国家之一，在《京都议定书》中，芬兰的目标是将排放量降低到20世纪90年代的水平。2017年，欧盟排污交易体系占欧盟温室气体排放总量的40%以上，而芬兰约占温室气体排放量的一半。在芬兰，排放交易涵盖了约600个能源生产单位和工厂。

自2012年以来，航空二氧化碳排放被纳入欧盟排放交易体系，适用于在欧洲经济区（EEA）起飞和抵达机场的航班，除非有被排除在欧盟排放交易体系范围之外的具体理由。2013—2023年期间，欧盟排放交易体系的范围仅限于欧洲经济区内的航班。

芬兰2010年颁布《航空排放交易法案》，该法案目的是通过经济方式促进航空部门二氧化碳排放的减少，并于2015年进行了修订，实施航空排污权交易，航空业的排污权交易以可交易的排放配额为基础，与固定设施的排放交易相同。

芬兰航空排污权交易由运输和通信部负责，其主管部门是芬兰运输安全局和能源管理局。芬兰运输安全局负责排污权交易配额的分配，并监测和报告可用于分配的排污权配额；能源管理局负责记录和管理排污权配额，并将拍卖收益收作政府收入。

该法案涉及从位于欧盟成员国境内机场起飞或者从成员国或第三国抵达该机场的航班的二氧化碳排放量，以及持有芬兰运输安全局或芬兰其他主管当局授予的有效运营许可证的航空运营人，以及在基准年内估计的最大航空排放时在芬兰境内飞行的航空运营人，不包括军用飞机、海关和警察航班、与搜救行动有关的航班、消防飞行、人道主义飞行和紧急医疗服务航班的军事飞行。

航空运营人须监测其排污量和吨公里（Tonne-kilometres）①数，编制年度排污报告并核实报告。在随后每个排放交易期开始前四个月将监测计划提交芬兰运输安全局批准。每年向登记处上交和上一个年度航空排污总量相等的排污许可额度，并向芬兰运输安全局提交免费航空排污许可配额所需的信息，通知芬兰运输安全局运营或排放监测的任何变化，以及航空运营人的任何变更。

航空排污权交易系统是一个半开放系统，期限为2010—2020年。在此期间，航空运营者可以使用固定设施的排污权配额来履行其航空排污义务，但固定设施不允许使用航空排污权配额来履行其在排污权交易系统中的要求。该限制将于2021年废止。

第一期排污权交易从2012年1月1日开始，到2012年12月31日结束，分配给航空运营人的航空排污权配额总量为历史航空排污量的97％。第二期排污权交易从2013年1月1日开始，到2020年12月31日结束，在该期及随后的排污权交易期内，分配给航空运营人的航空排污权配额总量应为历史航空排污量的95％乘以这一时期的年数。另外，每个排污权交易期间排污权配额总量的3％应留作特别储备。除去特别储备后，85％的排污权配额由航空运营人依申请程序免费获取，剩余15％则通过单独拍卖进行出售。

---

① 是指一种用来衡量货运量的单位，即1公吨的货物运送1公里数。

航空运营人向芬兰运输安全局提交有关监测年度的吨公里数据,该数据需经航空运营人验证,才能在每个排污权交易期申请免费航空排污权配额。在申请期开始前至少18个月,芬兰运输安全局会向欧盟委员会转发收到的免费航空排污权配额申请。欧盟委员会在每个排污权交易期间确定待分配、拍卖以及特别储备的航空排污权配额总量,以及分配的基准。芬兰运输安全局在欧盟委员会通过决定之日起三个月内,向航空运营人发放免费分配的航空排污权配额,该数额等于航空运营人报告的吨公里数乘以欧盟委员会提供的分配基准,再除以其间的年数,以确定每年在排污权交易期间免费分配给每个航空运营人的航空排污权配额数量。

每个排污权交易期内,3%的特别储备将会分配给两种航空运营人:一是在提交吨公里数据监测年度之后开始执行排污权交易计划的航空运营人;二是在监测年度和第二年之间吨公里数年平均增加18%的航空营运人。不过,在每个排污权交易期间,从特别储备中向个别航空运营人发放的航空排污权配额数量不得超过100万个,特别储备配额申请及登记的相关规定由运输和交通部颁布。

除免费配额和未分配的特别储备以外,其余额度将进行拍卖。拍卖以公开、统一、非歧视和可预测方式进行,所有参与者都有平等的机会参与拍卖,拍卖通过电子系统进行,体现成本效益。

航空运营人有义务制定计划,计划如何监测其飞机的排污量和吨公里数,以及向芬兰运输安全局报告的方式。航空运营人应在每个排污权交易期开始前四个月向芬兰运输安全局提交计划,进行核准。

航空运营人有义务就其每架飞机造成的排污量编制报告,每个年度的报告应最迟于次年3月31日提交芬兰运输安全局,然后由芬兰运输安全局报告欧盟委员会。飞机排放和吨公里数以及监测系统必须验明可靠、准确。如果航空运营人未在每年3月底前提交排污报告,或者其报告未经核实,则不允许航空运营人继续转让前一年的配额。每年2月前,能源管理局记录该年度每个航空运营人登记处的运营人持有账户中免费分配到的航空排污权配额数。

如果航空运营人的航空运营人证书或运营许可证失效,或者欧盟委员会对航空运营人实施运营禁令,或航空运营人不再执行法案规定的航空活动,则在证书或许可证被撤销或活动停止后,由芬兰运输安全局向能源管理局通报撤销命令,能源管理局不再在该航空运营人的持有账户上记录任何年度航空排放配额。

如果航空运营人发生变化,新航空运营人将变更情况通知芬兰运输安全局和能源管理局,能源管理局将该年度排污权配额登记在新航空运营人持有账户中。

对于未制定监测计划,或未经芬兰运输安全局批准,或不提供证明报告,或向当局提供虚假信息,或违反使用减排量,或未能提交相关文件和记录的,由芬兰运输安全局公布违反法案的航空运营人名称以及所收回的排污权配额。

如果航空运营人未能按时交出足够配额以支付上一年度的排污量,对于超量排放部分,芬兰运输安全局会责令航空运营人支付每吨二氧化碳当量100欧元的罚款,罚款金额会根据欧洲统一的消费者价格指数进行上调。

在全球范围内,国际法规和协议在减少航空排放和能源消耗方面发挥着关键作用。自 2012 年起,芬兰航空部门已成为欧盟排放交易计划的一部分,成为各种交通运输的先行者,其《航空排放交易法案》关于排污权交易的相关规定值得其他领域借鉴。

三、瑞士排放交易体系

在欧洲,除了欧盟排放交易体系,还有一个瑞士排放交易体系(CH ETS)。欧盟排放交易体系所涵盖的排放设施及碳排放量,几乎占欧盟总量的一半;而截至 2016 年底,瑞士排放交易体系仅纳入 56 个排污单位,涉及的碳排放量仅占瑞士排污总量的不到 10%。虽然数量上差距甚大,但是两者结合基本上形成了一个可接轨的联合市场。瑞士在碳交易权方面也采用总量控制与交易体系,相关法律包括 2011 年 12 月和 2012 年 11 月分别颁布的《二氧化碳减排联邦法案》(*Federal Act on the Reduction of CO₂ Emissions, CO₂ Act*)和《二氧化碳减排条例》(*Ordinance on the Reduction of CO₂ Emissions, CO₂ Ordinance*)。

《二氧化碳减排联邦法案》旨在减少温室气体排放,特别是因使用化石燃料,如热能和汽车燃料作为能源而产生的二氧化碳排放,目的是将全球温度上升限制在 2 摄氏度以下。

对于那些温室气体排放量处于中高等水平的经济部门,所属排污单位可以申请参加排污权交易计划。联邦委员会在确定进行排污权交易的经济部门时,会考虑二氧化碳征税负担与相关经济部门价值增加之间的相关性,以及二氧化碳征税对相关经济部门的国际竞争力产生不利影响的程度,并要求温室气体排放量高的特定公司参与排污权交易计划。

每年,联邦委员会根据相关国际规则确定可以给予的排污权配额数量,排污单位必须上交和设备排放量相等的联邦排污权配额(Confederation Emission Allowances)或减排证书(Emission Reduction Certificates)。由联邦委员会确定排污单位的类别,并对参与排污权交易的排污单位免征热燃料碳税。

2020 年之前,联邦委员会每年分配排污权配额,事先根据减排目标确定可用的排污权配额数量,同时,会保留适量配额,以便向排污权交易体系的新参与者提供配额。排污权交易体系内,排污单位经营所必须的配额为免费提供,其余配额则用于拍卖。联邦委员会对细节进行规范,并在此过程中考虑相应的国际法规。

对于未能提交排污权配额或减排证书的超额排放部分,排污单位必须向联邦委员会支付每吨二氧化碳当量(CO_2 Equivalent)125 法郎的罚款,且缺少的排污权配额或减排证书必须在下一年度提交联邦委员会。

基于《二氧化碳减排联邦法案》,瑞士又于 2012 年颁布了《二氧化碳减排条例》。该条例于 2013 年 1 月 1 日正式实施,并于 2014 年和 2017 年分别进行了修订,将温室气体范围从二氧化碳拓展到甲烷(CH_4)、二氧化氮(N_2O)、氢氟碳化物(HFCs)、全氟碳化物(PFCs)、六氟化硫(SF_6)、三氟化氮(NF_3),这些气体按照对气候变暖的效应转化为等量的二氧化碳当量。

瑞士联邦环境办公室(Federal Office for the Environment,FOEN)负责各类环境问题的管理,其中碳交易由其下属气候部的二氧化碳法案执行处负责,同部门的气候政策处负责有关减排目标与战略的政策制定,瑞士联邦政府则负责协调与适应气候变化有关的活动。

各州定期向瑞士联邦环境办公室报告各排污点二氧化碳减排的技术措施,包括采取和规划的二氧化碳减排措施及其有效性,以及州内排污点的二氧化碳排放量的动态情况。根据要求,各州还要向瑞士联邦环境办公室提供构成报告的所有必要文件。

瑞士联邦环境办公室对于符合要求的国内减排项目和计划签发证书(Attestations),证书申请必须包括指定形式的项目或计划描述及验证报告。如需进行申请评估,联邦环境办公室可以要求申请人提供额外信息。联邦环境办公室根据申请决定项目或计划是否有资格获得证书,证书自项目或计划开始实施之日起生效,有效期 7 年。该条例还规定对于因法律变更所导致的必须在计入期①(Crediting Period)内实施的减排措施不予签发证书。此外,如果申请人重新验证项目或计划,并且在计入期结束前的六个月内提交延期申请,则由联邦环境办公室确认批准延期三年。

申请人根据监测计划收集所有必需的数据,并将其记录在监测报告中,监测报告需自费由联邦环境办公室批准的核查人员进行核实。减排情况每年公布,所有监测报告和相应的核查报告必须在项目开始实施后至少每三年向联邦环境办公室提交

---

① 计入期:对净碳汇量进行计量和核查的时期。其中,碳汇量是指从大气中清除二氧化碳的过程、活动或机制。

一次。

如果参与排放交易体系排污单位前三年的温室气体排放量低于每年 2.5 万吨二氧化碳当量,则可以在每年 6 月 1 日之前申请免除参与排放交易体系,并从下一年年初开始生效。

如果参与排放交易体系的排污单位的温室气体排放量在一年内增加到超过 2.5 万吨二氧化碳当量,那么必须在下一年再次参与排放交易体系。

联邦环境办公室计算所有参与排放交易体系的排污单位每年可用的最大排污权配额数量,保留排污权配额的 5%,以供新的市场进入者和能够显著提高其产能的公司使用,并计算每年免费向参与体系的排污单位分配的排污权配额数量。如果免费分配的排污权配额总量超过去除储备额度之后的最大可用数量,那么联邦环境办公室将按比例减少分配给各个排污单位的排污权配额。此外,联邦环境办公室还就免费排放、减少和增加配额进行了相应规定。

联邦环境办公室可以定期向参与排放交易体系的排污单位拍卖未经免费分配的排污权配额,也可以按照与拍卖结果一致的价格向排污交易体系内的排污单位出让一定数量的排污权交易配额,或者委托私人机构进行拍卖。

联邦环境办公室每年会考虑排污单位所面临的实际困难、按市场价格拍卖的排污权配额数量、排污单位竞争力的影响以及额外申请的欧洲排污权配额,从而决定证书的最大数量。

如果其未能在截止日期前提交排污权配额或减排证书,那么联邦环境办公室将根据《二氧化碳减排联邦法案》对其进行处罚,付款截止日期为裁定发布后 30 天。如果付款延迟,则按每年 5% 的利率收取违约金。

参与排放交易体系的排污单位必须在排污权交易登记处进行注册登记,并拥有运营商账户。对于排污单位所提供信息错误、信息无法追溯的,或排污单位相关负责人在十年前有在排污权交易或金融市场中违反基础设施立法或有其他刑事犯罪的,联邦环境办公室则会拒绝其开户。

瑞士所颁布的《二氧化碳减排条例》与欧盟排放交易体系有很强的兼容性。瑞士希望通过与欧盟接轨来获得更大的碳交易市场,从而使本土的经济和环境政策受益。2016 年 1 月瑞士联邦环境办公室与欧盟委员会气候总司签署了一份双边协议,就双方碳排放交易体系接轨达成一致。瑞士的碳税不断提高,使得更多的排污单位自愿加入到瑞士排放交易体系,再加上即将达成与欧盟碳交易机制接轨,这些都预示着瑞士碳交易市场一个新时代的到来。

第四章　我国排污权交易制度的发展状况

　　排污权交易制度作为我国最早实施的八项环境管理制度之一，于20世纪80年代引入，试点实施已有30多年，极大地推动了工业点源污染防治。近些年来，我国排污权交易制度不断完善，法律依据不断加强。2008年修订的《中华人民共和国水污染防治法》提出，要全面推行排污权交易制度，依法核发排污许可证，加强许可证管理，其中提出了很多要求。2015年新修订的《中华人民共和国环境保护法》明确提出，参与排污权交易的企、事业单位和其他生产经营者应当按照排污许可证的要求排放污染物。2016年，中共中央、国务院办公厅印发的《控制污染物排放许可实施方案》中明确提出，要在2020年之前完成覆盖所有固定污染源的排污许可证核发工作。

　　2016年11月，《国务院关于印发"十三五"生态环境保护规划的通知》中指出，要建立健全区域生态保护补偿机制和跨区域排污权交易市场。目前，生态环境部正在推行排污许可证制度的全面实施，许可证制度进入快速发展阶段，成为我国点源管理的基本制度。截至2017年，已完成15个行业2万多张许可证核发工作。环境经济政策作为环境政策的重要组成部分，如何基于排污许可证推动环境税、排污权交易等的发展，成为目前的研究热点。

全国各省都在不断探索排污权交易制度,建立健全排污权初始分配和交易制度,落实排污权有偿使用制度,推进排污权有偿使用和交易试点,加强排污权交易平台建设。例如江苏省采取了自上而下的模式,在全省范围内实施统一的排污权交易制度,各地市根据省一级的总体规定制定实施细则,将总磷(TP)列入主要污染物,以解决太湖流域水质富营养化的问题,并对新旧污染源实行差别定价。和江苏省不同,浙江省作为全国排污权交易试点最早的省份之一,采取的则是自下而上的模式,即由省内的各地市根据本地区的情况自行实施。

第一节 浙江省排污权实践发展

2009 年,经财政部和环保部批复同意,浙江省成为全国首批 7 个试点排污权有偿使用和交易的省份之一,并挂牌成立了浙江省排污权交易中心,而且陆续出台了一系列政策,支持试点工作的大力开展。

浙江省主要污染物交易种类有化学需氧量(COD)、氨氮含量(NH_3-N)、二氧化硫、氮氧化物,经过多年的探索,采取了与国外发达国家不同的方式。目前,全省统一实行排污权初始分配有偿制度:"对现有排污单位核定分配初始排污权,并按照初始排污权有偿使用费征收标准收取初始排污权有偿使用费;新建项目一律通过交易获得排污权。"其主要原因在于,环境资源具有稀缺性和有价性,改革开放后浙江经济快速发展,很大程度上是建立在牺牲环境的基础上的,根据"污染者付费"原则,需要偿还环境污染的旧账,恢复环境,同时也更有利于调动企业改进排污技术、增加其减排的积极性。

浙江省排污权交易制度采取自下而上的模式,各地实行的措施不一样。如在排污权交易试点初期,嘉兴市对老企业采取排污权无偿分配,对新建项目实行排污权有偿使用;绍兴市老污染源企业通过转换或补交排污权有偿使用金的办法取得排污权,新污染源企业通过向环保部门申购或向其他排污单位购买的办法取得排污权。

浙江省自下而上的试点模式,有利于各地快速落实相关的政策,探索不同的排污权分配和交易方式,形成不同的风格,达到创新和积累实践经验的目的,但这也导致了各地发展不均衡、缺少区域合作的问题。同时,总量测算、初始排污权分配量和价格问题并没有得到很好的解决,容易造成一定的不公平。

浙江省在排污权交易试点过程中,首先通过制度为排污权交易的推行提供保障。2010年5月出台《浙江省排污许可证管理暂行办法》,对污染排放总量进行控制,对排污单位进行明确界定,并规定"未取得排污许可证的,不得排放污染物"。同年6月,浙江省委出台《关于推进生态文明建设的决定》,要求"加快完善市场化要素配置机制","深化化学需氧量排污权有偿使用与交易试点工作,积极开展二氧化硫排污权有偿使用与交易试点,加快建立全省排污权有偿使用与交易制度","探索省内碳排放权交易制度"。10月,浙江省政府出台《关于开展排污权有偿使用和交易试点工作的指导意见》,以规范排污权有偿使用和交易行为,提出"坚持试点先行、循序渐进、统一政策、属地管理",对化学需氧量和二氧化硫两项主要污染物进行总量控制,对初始排污权指标的核定、分配实行分级管理,对于初始排污权有偿使用及排污权跨行政区域交易进行规定。可见,该指导意见对试点工作进行了全面规定,明确了工作的内容和措施,将各地及各部门责任落实到位。

在前期试点工作部署的基础上,浙江排污权有偿使用和交易试点制度体系得到了进一步完善。从 2010 年 12 月到 2013 年 8 月,浙江省环保厅先后出台了《浙江省排污许可证管理暂行办法实施细则》《浙江省排污权有偿使用和交易试点工作暂行办法实施细则》《浙江省建设项目主要污染物总量准入审核办法(试行)》《浙江省主要污染物初始排污权核定和分配技术规范(试行)》,对排污许可证的核发和管理做出明确规定,就初始排污权指标的核定、分配和有偿使用明确了各级各部门的工作职责,对排污权交易指标及交易流程进行了具体规定,为排污权的进一步量化及排污权交易的顺利开展提供了基础。

2013 年,浙江省政府又出台了《关于加强环境资源配置量化管理推动产业转型升级的意见》,提出了一系列的工作目标,包括:建立主要污染物总量指标化管理制度、排污权有偿使用和交易制度、企业刷卡排污总量控制制度、产业转型升级排污总量激励制度、建设项目主要污染物总量削减替代制度等在内的环境资源配置制度体系;"基本形成管理规范、交易顺畅的排污权交易市场";"基本建立主要污染物指标动态管理系统";"完成国控、省控重点污染源的刷卡排污总量自动控制系统建设",并对目标进行任务分解。同时,提出通过"严格考核奖惩""加大资金投入""加快推进试点""加强舆论宣传"等措施对制度进行保障落实。

在制度保障的前提下,省级及各试点市基本上设立了交易机构。截至 2017 年,共举办政府储备二氧化硫排污权指标电子竞价 8 期,举办政府储备排污权指标电子竞价 3 期,排污权交易工作取得了根本进展。

一、初始排污权分配

《浙江省排污权有偿使用和交易试点工作暂行办法实施细则》中明确提出初始排污权指标的核定、分配实行分级管理:设区市负责所辖市区范围内的排污权指标核定、分配;县(市)负责辖区内的排污权指标核定、分配。为保障重大项目建设的环境容量,加强对排污权交易市场的调控,省、市、县三级建立排污权储备与调控机制。

该细则对初始排污权核定方法和程序做出规定,明确了区域可分配初始排污权总量的确定方法,设定了现有 A 类许可证管理工业排污单位①的基本条件,并将确认名单的权限交由设区市和县(市)环境保护行政主管部门。对于初始排污权的核定,各地可根据实际情况,对重点行业 A 类许可证管理工业排污单位设定不低于国家和省的主要污染物排污绩效标准。通过比较排污绩效计算的排污权和排污单位项目环境影响评价批复,初步确定初始排污权。如果排污绩效计算的结果大于环评批复允许排放量,则按环评批复允许排放量进行初始排污权的分配;如果排污绩效计算的结果小于环评批复允许排放量,在可

---

① 现有 A 类许可证管理工业排污单位是指按照排污许可证管理制度的规定,由环境保护行政主管部门发放 A 类排污许可证,并予以单独分配初始排污权的现有工业排污单位。

分配初始排污权总量不足的地区,按排污绩效计算的结果分配初始排污权。若行业未制定排污绩效标准,一般按照环评批复允许排放量对工业排污单位进行初始排污权的核定,同时参考2010年污染源普查动态更新调查数据、原排污许可证许可排放量、"三同时"竣工验收监测报告[①]和满负荷生产情况下的实际排放量,且以环评批复允许排放量为上限。

初始排污权的分配按照区域所有 A 类许可证管理工业排污单位初始排污权的核定结果进行,并规定初始排污权之和不得超过区域可分配初始排污权总量,如果超过了区域可分配初始排污权总量,应按行业进行等比例削减。

浙江省统一实行排污权初始分配有偿制度,对现有排污单位核定分配初始排污权,并按照初始排污权有偿使用费征收标准收取初始排污权有偿使用费;新建项目一律通过交易获得排污权。对于总装机容量 30 万千瓦以上燃煤发电企业的初始排污权有偿使用费,由省环境保护行政主管部门委托省排污权交易中心代收;其他排污企业的初始排污权有偿使用费,则根据管理权限由县级以上环境保护行政主管部门委托相应负责排污权交易业务的机构代收。

二、刷卡排污监管

2013 年,浙江省环保厅发布《关于实施企业刷卡排污总量

[①] 根据《中华人民共和国环境保护法》第 26 条规定:"建设项目中防治污染的设施,必须与主体工程同时设计、同时施工、同时投产使用。防治污染的设施必须经原审批环境影响报告书的环保部门验收合格后,该建设项目方可投入生产或者使用。"

控制制度的通知》,要求全省建立企业刷卡排污总量控制制度,落实企业环境保护主体责任,初步建立"一企一证一卡"的企业排污总量控制新模式,推进排污权有偿使用。该通知提出了三个阶段的工作目标:第一阶段为 2013 年 6 月 30 日前,"各市完成第一批县(市、区)的国控、省控重点污染源刷卡排污总量自动控制系统建设";第二阶段为 2013 年底前,"各市、县(市、区)完成辖区所有国控、省控重点污染源刷卡排污总量自动控制系统建设,初步建立企业刷卡排污总量控制制度";第三阶段为 2015 年底前,"完善企业刷卡排污总量控制制度,基本形成刷卡排污与排污许可证、污染减排、排污权有偿使用和交易、排污权指标量化管理、总量执法等相结合的主要污染物总量管理制度体系"。

刷卡排污总量自动控制系统由企业刷卡排污总量控制设备、各级环保部门的刷卡排污总量控制管理平台和数据安全传输网络三部分组成。废水排放企业的刷卡排污总量控制设备包括总量控制器、电动阀门和电磁流量卡。废气排放企业的刷卡排污总量控制设备包括控制器,集散控制系统(Distributed Control System,DCS)工况采集设备和监测点端工况采集器。

该通知要求各地对刷卡排污总量自动控制系统建设制定规范、编制方案,通过企业刷卡排污数据在排污许可管理及排污权交易等方面中的应用,进一步严格排污许可证管理,推进排污权交易和租赁,加强总量指标量化管理,强化总量执法监管及规范自动监控系统运行。为了落实企业刷卡排污制度,该通知还提出,企业刷卡排污总量控制制度建设已列入生态省建设目标责任制考核,并对国控、省控重点污染源刷卡排污总量自动控制系统建设项目按标准给予补助,对市控重点污染源建设刷卡排污总量自动控制系统以"以奖代补"形式给予适当补助,建设资金差额部分由各市、县(市、区)进行配套落实。

截至 2015 年底,浙江省已经建成 2100 套刷卡排污系统,省控以上污染源实现全覆盖。企业要想排污,就要先充值,每个月通过网上平台,将排污权指标充入卡内才能排污。达到一定额度时,系统会发出警告,环保部门会对企业发出书面警告,月排污量超额时,自动控制阀门关闭,企业会被迫停产。环保部门通过管理平台对各企业的排污情况了如指掌,对污染源排污总量可以进行实时在线监测和控制。

三、排污权抵押贷款

根据《浙江省排污权抵押贷款暂行规定》,排污权抵押贷款是指"借款人以自有的、依法可以转让的排污权为抵押物,在遵守国家有关法律、法规和信贷政策前提下,向贷款人申请获得贷款的融资活动",这一举措是排污权交易制度的延伸,也是浙江省排污权交易的一个亮点,能够反映出环境资源稀缺和有价的特点,体现可持续发展的理念,既能减轻企业负担,又能顺利推进排污权交易,对促进企业开展节能减排工作起到了积极的作用。

2010 年,浙江省环保厅会同中国人民银行杭州中心支行联合出台了《浙江省排污权抵押贷款暂行规定》(浙政发〔2010〕266号),目的是要进一步推进绿色信贷发展,拓宽企业融资渠道。该文件对贷款用途和条件、贷款额度、利率和期限、贷款程序以及贷款管理进行了明确规定。

按照该规定，"排污权抵押贷款只能用于生产经营活动，如企业流动资金周转、技术改造等，不得用于购买股票、期货等有价证券和从事股本权益性投资"；办理排污权抵押贷款的借款人必须具备相应的条件；"排污权抵押贷款额度原则上不得超过抵押排污权评估价值的80%，排污权评估价值结合有偿取得的价格、当期排污权交易市场价格和政府收储价格进行综合确定，由借款人与贷款人协商评估"，利率则按"中国人民银行利率现行政策执行"，并要求"抵押贷款期限原则上不超过排污许可证有效期"。

在对排污权抵押贷款的贷前调查和审批工作中，在一般贷款要求基础上，还要通过"查看征信系统、咨询环保部门、实地调查企业等方式，重点调查借款人的污染物排放、污染物处理设施运行、排污权有偿使用费缴纳、环境违法信息等情况"。如果贷款是用于新建、改建或扩建项目，还需严查项目的环境影响评价审批。

在排污权抵押贷款管理方面，要求贷款人采取有效措施防范和控制信贷风险，环保部门加强借款人的排污权指标管理，及时通报借款人污染物超排、排污权有偿使用费欠缴、排污权指标闲置等异常情况；对借款人存在还款期限届满未能履行还款义务的情形，规定抵押排污权的处置方法，"通过排污权交易向符合要求的第三方转让"或"符合政府回购条件的，可申请政府回购储备"。此外，该规定指出，"对申请排污权抵押贷款用于企业节能环保技术改造项目的，各金融机构应当优先予以支持"。

目前，浙江省是开展排污权抵押贷款实践规模最大的省份，是全国首批绿色金融改革创新试验区。浙江省排污权抵押贷款实践效果较好的地区主要是绍兴、嘉兴。截至 2018 年上半年，绍兴市累计完成排污权抵押贷款 1394 笔，共放贷 400.52 亿元，排污权抵押贷款在各区、县（市）普遍展开，其中，柯桥的活跃度最高。截至 2018 年 7 月，柯桥区排污权银行评估价已达 1.7 万元/吨，累计 254 家企业向银行抵押排污权，办理贷款 1095 笔，抵押融资额占全省 70% 以上。

早在 2007 年 11 月，全国首家排污权储备交易中心就在嘉兴正式挂牌成立，随着不断地探索建立排污权交易制度，嘉兴市推出了一系列排污权交易制度。截至 2018 年 12 月，嘉兴市累计完成排污权抵押贷款 282 次，发放排污权贷款金额 23.80 亿元，有效缓解了中小企业资金短缺压力。

浙江省排污权抵押贷款参与行业主要集中在纺织印染、化工、造纸等重污染行业，都是绍兴、嘉兴等地区的主要产业，具有行业集聚度高的特点，排污权指标相对较多，企业可以获得相对较多的排污权抵押贷款金额，因而参与排污权抵押贷款的积极性更高。另外，由于浙江省在对重污染行业的排污权总量管控方面要求较严，排污权指标更加稀缺，指标价值相对稳定，具有更好的排污权抵押贷款开展条件。

四、储备排污权交易电子竞价

2012 年，随着省级排污权交易平台的建立，浙江省排污权交易体系逐渐发展起来，开创了排污权交易电子竞价机制。2015 年，省环保厅出台《浙江省储备排污权出让电子竞价程序规定（试行）》（浙环发〔2015〕21 号），对浙江省各级政府储备量中出让用于新建项目和改扩建项目新增排污权电子竞价的具体实施、竞价流程、竞价规则等予以规定。省排污权交易中心受省环保厅委托,负责排污权电子竞价平台的建设和维护。各级排污权交易机构按权限负责竞价平台的日常使用和管理,排污权交易机构在电子竞价平台公开基准价、竞买资格、启动要求等条件,并设置保证金缴纳和退还系统。电子竞价全程在网上公开,并生成电子档案存档,竞价前信息和竞价结果均在竞价平台网上进行公示,以保证信息公开。该规定还对竞价规则进行了明确的说明,电子竞价采用单轮制,将污染物每年每吨排污权指标的价格作为竞价标的,按出价高低进行排名并确定竞得人。

在排污权交易电子竞价机制的发展过程中,杭州、金华、湖州、桐乡、嘉兴等陆续开展新(改、扩)建工业企业电子竞价交易,参与企业自行在浙江省排污权竞价网上进行注册登记、受理审核、激活报名、开展竞价等排污权电子竞价操作。

五、排污权回购

2017 年 6 月,浙江省环保厅起草了《浙江省排污权回购管理暂行办法(征求意见稿)》(浙环便函〔2017〕152 号)(以下简称《暂行办法》),对排污权回购行为进行规范,以提高排污权市场效益,完善排污权交易体系。《暂行办法》规定"各级环境保护主管部门对排污单位的富余排污权进行无偿收回或有偿收购,并将其纳入政府储备排污权"。将富余排污权界定为:"排污单位因破产、关停、被取缔、迁出其所在行政区域或建设项目批而不建等情形,腾出的排污权;排污单位永久性减产、转产的,其削减的排污权;政府投入环保基础设施建设,排污单位因此间接削减的排污权等。"明确了富余排污权的计算方法以及排放量的核定方法。

《暂行办法》还规定,排污权回购原则上由负责排污许可证核发的同级排污权交易管理机构负责,全省总装机容量30万千瓦以上燃煤发电企业的富余排污权,由省级排污交易管理机构负责回购,对于各地需要调整排污权回购权限的,需制定规范性文件以报省级相关部门备案。

富余排污权回购遵循的原则包括:"排污单位无偿使用的,强制无偿回购纳入政府储备排污权";"安装使用达到各项要求的刷卡排污系统或污染物自动监测设备的排污单位,其有偿使用的富余排污权可转让给其他排污单位,也可申请排污权回购";"未安装污染物自动监测设备的排污单位,其有偿使用的富余排污权可申请排污权回购,不得转让给其他排污单位";"政府投入环保基础设施建设,排污单位因此间接削减形成的有偿使用的富余排污权,强制有偿回购纳入政府储备量";"排污权回购量按许可量回购,不按削减替代量回购"。

在排污权回购资金管理方面,《暂行办法》要求,"财政划拨的排污权回购资金,必须做到专款专用,仅限于回购排污单位申请回购的富余排污权",同时,"排污权交易管理机构必须接受财政、审计等部门对排污权回购资金使用情况的监管",从而规范排污权回购行为,提高排污权市场效益。

排污权回购机制能够激励排污单位通过淘汰落后或过剩产能、治理污染、技术升级等方法削减排污权,增加企业的治污积极性,促进排污权交易市场化机制更加完善。据悉,2017年6月,浙江永康市环保局从一家化工企业回购了节余的二氧化硫排污权指标每年51.2吨、节余的氮氧化物排污权指标每年

39.9 吨,回购资金共 13.5 万元。

目前来看,政府回购的主要是不再生产的排污单位腾出的排污权,对于因减产、转产、技术改造等原因产生的富余排污权,排污单位不太愿意卖回给政府。一方面,回购价格低廉,与之相比,企业更愿意通过抵押贷款等获取更多资金;另一方面,部分企业考虑到政府储备排污权不足,若后续发展需要新增建设项目,排污权指标将难以再申请购买。因此,排污权回购表现并不活跃。

浙江省在省委、省政府的大力支持下,出台了一系列排污权相关政策,通过自下而上的试点模式,各地积极落实,并探索创新,排污权交易工作取得了很大进展,从单纯的行政管理转变为政策引导和市场优化配置相结合,效果显著,有偿使用和交易数额全国第一,全省排污权有偿使用和交易金额达 92 亿元,在全国试点省份中遥遥领先。

浙江省已经基本构建完成了总量控制制度体系,并在排污权有偿使用和交易试点工作中走出了积极创新、勇于实践的发展之路,取得了很多值得借鉴的经验。当然,浙江省排污权交易制度仍然还有很多问题有待解决,如区域排污权储备量不足、企业排污权回购困难、新增排污权总量指标市场有待拓宽、跨区域排污权交易合作等问题,只有继续深化排污权交易制度,才能发挥其市场机制特点,真正实现有效控制环境污染、保护环境质量的作用。

第二节　内蒙古自治区排污权实践发展

内蒙古自治区是典型的资源禀赋型地区,有着丰富的森林、植物、动物及矿产资源,资源环境要素对经济增长有着重要的影响,其经济结构以资源型产业为主,但同时,高污染和高能耗的粗放型经济增长也给生态环境保护带来了严峻的挑战。作为我国北疆的重要生态安全屏障,内蒙古自治区生态文明建设关系着华北、东北、西北乃至国家生态安全大局,因此实现生态环境保护和经济可持续发展的有机统一是新形势下内蒙古所要解决的重要问题。

根据《内蒙古自治区节能减排"十三五"规划》(内政发〔2018〕12号)(以下简称《规划》),内蒙古自治区在"十二五"节能减排成效的基础上,要继续以绿色发展为理念,以"资源节约型"和"环境友好型"发展为目标,显著减少主要污染物排放总量,确保完成"十三五"节能减排任务目标。同时,《规划》中明确了节能减排的目标:"到2020年,全区万元GDP能耗比2015年下降14%,'十三五'能耗增量控制在3570万吨标准煤以内,年均能耗增速控制在3.5%以下,能源消费总量控制在2.25亿吨标准煤以内。全区化学需氧量排放量控制在77.63万吨以内、氨氮排放量控制在4.37万吨以内、二氧化硫排放量控制在109.56万吨以内、氮氧化物排放量控制在101.4万吨以内,分别比2015年下降7.1%、7%、11%、11%。"

作为有效的环境经济政策工具,排污权交易能够通过市场机制对污染物排放进行有效配置。2010年9月,内蒙古自治区成为国家排污权交易试点省份，凡区内新增排污指标的建设项目都需要先购买指标，获得排污权后方能建设。

一、排污权政策法规

《国务院办公厅关于进一步推进排污权有偿使用和交易试点工作的指导意见》（国办发〔2014〕38号）是排污权交易的纲领性文件，该文件首次提出排污权有偿使用和排污权交易。而近期比较有代表性的相关文件之一为国务院办公厅颁发的《控制污染物排放许可证的实施方案》，它是固定污染源的基础性制度排污许可证的重要纲领性文件。2018年，《关于印发〈2018年生态环境保护总体思路和总体工作安排的初步考虑〉的通知》（环办厅〔2018〕1号）提出，要进一步升华排污权交易试点工作，同时要全面停止政府预留和出让排污权，鼓励发展二级市场。

内蒙古自治区以国家出台的排污权交易政策文件为基础，在"边试点边规范"的原则下，基本构建了排污权有偿使用和交易的政策法规体系。2011年1月，内蒙古自治区人民政府办公厅制定了《内蒙古自治区主要污染物排污权有偿使用和交易试点实施方案》（内政办发〔2011〕19号），提出了排污权交易试点的指导思想和试点原则。将主要污染物种类定为二氧化硫、氮氧化物、化学需氧量、氨氮；将污染物排污权有偿使用所得划为政府非税收入，规定排污单位必须有偿获得主要污染物排污权才能排放进行，"排污权交易双方须经环境保护主管部门审核确认才具备交易资格，对环境质量不达标或环保信用不良的排污单位实行限制性交易"；"若排污单位存在指标节余情况，且未进行排污权交易的，经环保部门审核确认，由排污权储备管理机构对主要污染物排放指标以不高于购买价进行回购"。此外，该方案还制定了 2010 年 10 月至 2012 年 3 月的阶段性的工作目标，为排污权交易的落实提供了思路。

2011 年 4 月，内蒙古自治区人民政府出台《内蒙古自治区主要污染物排污权有偿使用和交易管理办法（试行）》（内政发〔2011〕56 号），以规范主要污染物排污权有偿使用和交易活动。该办法中对主要污染物、主要污染物排污权、主要污染物排污权有偿使用、主要污染物排污权交易以及现有排污单位做了明确定义，说明了排污企业如何取得排污权，以及排污权的有效期；并为不同类型的排污单位如何进行排污权出售和储备提供了依据，进一步明确了排污权相关资金管理政策。该办法为正式实施排污权有偿使用和交易提供政策和基础能力保障。

随后，内蒙古自治区环境保护厅协调发改委和财政厅先后印发了《内蒙古自治区主要污染物排污权有偿使用和交易资金管理暂行办法》（内财建〔2011〕1405 号）、《关于核定主要污染物排污权有偿使用暂行收费标准和交易价格的函》（内发改费字〔2011〕1496 号）、《内蒙古自治区主要污染物排污权交易管理规则》、《内蒙古自治区主要污染物排污权电子竞价交易规则》和《内蒙古自治区主要污染物排污权储备管理规则》（内环办〔2013〕164 号）等指导性文件。

为了进一步适应新形势下国家对环境保护工作的新要求，自治区环保厅于 2017 年 6 月制定了《内蒙古自治区控制污染物排放许可制实施方案》（内政办发〔2017〕98 号），对排污许可受理与核定的具体实施予以细化。2018 年 1 月，自治区财政厅、发展和改革委员会、环境保护厅联合制定了《内蒙古自治区排污权出让收入管理办法》（内财非税规〔2018〕25 号），以加强和规范排污权有偿使用出让收入和交易资金管理。

二、排污权定价机制

根据 2011 年 6 月自治区发改委、财政厅联合出台的《关于核定主要污染物排污权有偿使用暂行收费标准和交易价格的函》（内发改费字〔2011〕1496 号），排污权有偿使用和交易的收费项目、收费范围和价格标准得以明确，主要污染物排污权有偿使用费标准为：化学需氧量 2000 元/吨·年，氨氮 6000 元/吨·年，二氧化硫 1500 元/吨·年，氮氧化物 1500 元/吨·年。主要污染物排污权交易的第一次交易以排污权有偿使用费标准为基准价格开始竞价，第二次以后的交易以上一次竞价平均成交价为基准价格开始竞价。

2012 年 5 月，自治区发改委就环保厅《关于申请调整主要污染物有偿使用和交易价格的函》（内环函〔2012〕11 号）进行批复，将主要污染物排污权有偿使用收费标准和交易基准价格重新核定并下调为：化学需氧量 1000 元/吨·年，氨氮 3000 元/吨·年，二氧化硫 500 元/吨·年。氮氧化物 500 元/吨·年，并于 2014 年 6 月发布《关于继续执行主要污染物排污权有偿使用暂行收费标准和交易价格的函》（内环函〔2014〕14 号），延续了主要污染物排污权有偿使用与交易价格。对价格进行下调在一定程度上能够进一步刺激排污权交易一级市场，增强活跃度。从全国试点地区主要污染物有偿使用价格来看，内蒙古自治区的各类有偿使用费标准处于中等偏低水平，截至 2017 年，自治区排污权有偿使用总成交金额达 2.39 亿元。针对排污权回购，

第四章　我国排污权交易制度的发展状况

内蒙古自治区遵循回购价格和排污权有偿使用价格和交易基准价格相当的原则,截至 2016 年 6 月,共发生 6 笔回购业务,总计434.145 万元。

三、排污权出让收入

2018 年 1 月,内蒙古自治区财政厅、发改委及环保厅印发《内蒙古自治区排污权出让收入管理办法》(内财非税规〔2018〕25 号),对于排污权出让方式以及征收方式做了进一步细化,为盟市开展重点污染物排污权有偿使用和交易提供参照。

现有排污单位和新增排污单位采取区别对待,分别以定额出让方式和市场公开出让方式,由自治区环保部门、盟市环保部门、旗县环保部门实施征收,定额出让按照企业类型、市场公开出让按环评审批权限确定征收主体。对于定额出让排污权方式,其使用费的征收标准包括自然区环境资源稀缺程度、经济发展水平、污染治理成本等,排污权有效期原则为 5 年,期满需重新核定、缴费后可延续,且金额超过 1000 万元可以采用有效期内分期缴纳的方式;对于市场公开出让方式,其交易成交价格不得低于排污权使用费征收标准,且需一次性缴清款项,或者按照排污权交易签证约定缴款。

该办法将"预留初始排污权""通过市场交易回购的富余排污权""由政府投入全部资金进行污染治理形成的富余排污权""政府收回因排污单位原因未使用完的无偿取得的排污权"以及"政府收回无偿使用排污权指标的排污单位形成的富余排污权"作为储备排污权的主要来源,用以调控排污权市场,支持自治区战略性新兴产业、重大科技示范等项目建设。

作为一般公共预算，排污权出让收入将统筹用于环境治理和生态保护等有关方面，包括政府回购排污单位的排污权、排污权交易平台建设和运行维护等。此外，对于违反该办法规定的行为及法律责任，该办法也做了明确规定。

四、排污权交易平台

从 2010 年起，内蒙古自治区按照环保部、财政部批复建立排污权交易试点的要求，推行排污权有偿使用和交易制度，并成立排污权交易管理中心，为排污权交易提供公平有序的服务平台，及时掌握市场交易情况，提高决策储备的应对效率。

内蒙古排污权储备机制具有其自身特点，在初始排污权核定工作完成后，其市场交易量均来源于富余排污权，因此，自治区排污权交易管理中心建立了以回购、回收及代储为主要手段的储备制度，为保障排污权回购，激发企业减排积极性，自治区财政每年预留 1000 万元的排污权储备资金。

自排污权试点工作开展以来，内蒙古先后建设完成了交易管理、排污权交易电子竞拍、价格测算和现场核查作业等多个配套的排污权交易平台系统，能够实现企业申购和交易管理、电子竞价、网上挂牌、审批管理、统计初始分配、储备指标、排污交易、买卖信息和超标预警等功能，对排污企业排污情况进行核定和跟踪管理。此外，通过排污权有偿使用价格测算和排污权现场核查作业两个系统为排污权价格形成机制研究和开展污染物排放总量的技术核算提供准确的数据支持。通过整合排污权交易系统与排污权储备系统，充分发挥排污权市场潜力，交易平台与储备平台虽然在结构上独立，但是共享市场数据的分析结果。

《内蒙古自治区关于全面加强生态环境保护坚决打好污染防治攻坚战的实施意见》中提出："探索建立自治区生态保护补偿基金,发展排污权交易二级市场,健全生态补偿市场化机制,整合完善用水权、排污权、碳排放权初始分配制度和建设交易平台,使保护者通过生态产品交易获得收益。到 2020 年,森林、草原、湿地、荒漠、水流、耕地等重点领域和禁止开发区、重点生态功能区等重要区域实现生态保护补偿全覆盖,补偿水平与经济社会发展相适应。"

作为一项有效的环境经济政策,排污权交易制度对于污染物减排、改善环境质量、提高环境资源配置效率有着重要的现实意义。内蒙古自治区已基本建立了有偿使用和交易制度的框架以及排污权初始分配工作,但总体而言,市场不够活跃,2018 年 5 月以来,排污权交易中心连续无交易,这也是各试点地区普遍面临的主要问题。此外,内蒙古排污权交易制度仍处于起步阶段,还需在其他环境经济政策方面出台配套机制,在排污指标分配、排污权定价、交易制度构建方面还需要更加细化的政策指导。

第三节 山西省排污权实践发展

山西省是我国典型的资源密集型区域,煤炭资源为主要生产要素,经济发展对煤炭等矿产资源的依赖度高,主要污染物排放总量在全国位居前列,生态环境形势较为严峻,环境资源对经济发展的制约日益凸显。

山西省是国内开展排污权交易试点工作较早的省份,1994

年,太原市开展了大气排污权交易试点工作,2002年,山西被列为二氧化硫排放总量控制及排污权交易试点地区,2010年,财政部、环保部批复山西成为国家排污权有偿使用和交易试点省份。随后,山西省针对排污权交易开展了大量的工作,通过政策制定、机构组织、平台建设、监督管理,在政策设计、交易机制等方面取得了一定的实践效果。

一、排污权政策体系

2002年9月,山西省政府制定《山西省试点城市二氧化硫排放总量控制及排污交易政策实施试点工作方案》,将太原、大同、阳泉确定为试点城市,并制定了二氧化硫总量控制指标的核定和分配以及排污交易管理的基本方案,为山西省开展排污权交易提供了较好的基础。

2009年,山西省政府印发了《山西省人民政府关于开展排污权有偿使用和交易工作的指导意见》(晋政发〔2009〕39号),提出"试点先行,循序渐进;总量控制,新老有别;政府主导,市场推进"的基本原则,在加快构建规范有效的排污权有偿使用和交易机制以及落实保障措施等方面提出了指导性方针。

随后,山西省财政厅、省环保厅、省物价局等部门又先后制定了《山西省主要污染物排污权交易实施细则(试行)》《山西省主要污染物排污权交易资金收支管理暂行办法》《山西省排污权交易电子竞价规则(试行)》《山西省排污权抵押贷款暂行规定》《关于主要污染物排污权交易基准价及有关事项的通知》《排污权有偿取得和交易办法》等一系列政策文件,涵盖了排污权交易的范围、总量核定的方法、初始分配的模式与方法、二级市场的交易模式、可交易排污权确定方法、排污权有效期、交易价格形成与保障、交易资金管理、交易平台使用等各个方面,排污权交易政策体系基本构建完成,保障了排污权交易能够依法有序进行。

二、唯一的交易平台

2011年10月,山西省排污权交易中心正式揭牌,该中心负责建设和管理排污权交易系统,履行排污权交易登记鉴证职能,开展排污权交易统计分析,受理全省范围内排污权回购、出让、受让、租赁等排污权交易业务,并对各市排污权交易工作进行指导。为了统一全省排污权交易市场,山西省将山西省排污权交易中心设为唯一一个省级事业性质排污权交易机构,各市仅设立业务受理窗口负责出让、受让业务,交易鉴定则由省交易中心负责。

由于排污权交易尚处于探索实践中,各项政策制度还不完善,因此,通过集中各地剩余环境容量,更加能够发挥政府在环境资源市场配置中所起的引导和推动作用。作为事业单位性质的排污权交易中心,在负责、统筹排污权交易系统过程中更容易发现其中的问题,进而能够提出更有针对性的解决方案,从而推进对排污权交易制度的完善。此外,作为行政管理部门的直属事业单位,山西省排污权交易中心可以配合行政管理部门行使对参加排污权交易的企业资料及交易量进行审核认定的职责,并负责建立山西省政府储备排污权账户及全省统一的排污权交易平台等。山西省通过建立省交易中心与各市业务受理窗口,对交易市场进行协调统一,一定程度上有助于市场供求关系的平衡。

三、交易价格体系

山西省排污权交易主要污染物包括二氧化硫、氮氧化物、化学需氧量、氨氮、烟尘和工业粉尘六项，是全国首个把交易对象从国家规定的四项约束性指标扩展到烟尘和工业粉尘的地区。

目前，山西省排污权交易采取政府指导基准价，并规定"市场竞价中排污权交易价格不得低于交易基准价"，采用的是平均治理成本法，主要考虑排污权交易实际情况、二级市场交易活跃度、某一污染物在多个行业的每吨平均治理成本，测算时综合考虑减排设备购置费用、设备日常运行和维护费用、设备使用年限、设备折旧、材料投入、人工费用以及当地社会物价上涨趋势等因素。

自 2011 年以来，山西省排污权交易基准价共进行了两次调整，主要污染物二氧化硫、化学需氧量、氮氧化物、烟尘、工业粉尘排污权交易基准价都有不同程度的提高。2017 年 1 月，山西省发改委、财政厅和环保厅印发了《关于主要污染物排污权交易价格及有关事项的通知》（晋发改收费发〔2017〕47 号），明确基准价格维持当时价格水平，二氧化硫 18000 元/吨、氮氧化物 19000 元/吨、化学需氧量 29000 元/吨、氨氮 30000 元/吨、工业粉尘 5900 元/吨、烟尘 6000 元/吨，且排污权交易价格不得低于排污权交易基准价。

山西省主要污染物排污权交易基准价采取"一次性补偿"的办法分类核定，所有污染物排污权均采用"元/吨"的交易计量单位，即排污权没有年限，只要不闲置，就可以永久使用，这一点不同于部分试点省所采用的"元/吨·年"的计量单位。不对排污权设定使用年限,一方面肯定了排污权环境产权的属性,有利于建立排污权交易二级市场,发挥排污权交易的市场功能;另一方面有利于企业制定长期发展决策,减少企业对排污权交易制度的抵触情绪。

四、二级市场发展

根据山西省环保厅、财政厅和物价局联合制定的《山西省排污权有偿取得和交易办法》(晋环发〔2015〕168号),山西省现有排污企业排污权暂不实行有偿取得,条件成熟后逐步开展。"新建、改建、扩建排污单位新增主要污染物排污权,原则上通过排污权交易有偿取得","政府的排污权储备主要来自因违法排污被关停的企业,政府不保留排污权初始配额,全部分配给企业"。可交易排污权包括排污单位可出让排污权和政府储备排污权两部分,其中政府储备排污权出让收入属于政府非税收入,全额上缴地方国库,省市按照2∶8比例分成,纳入地方财政预算管理。

为了促进二级市场发展,山西省还规定排污权交易要先在企业间进行交易,即企业如果有排污权需求,首先要通过企业购买,市场没有供给才能从政府购买,以此将二级市场作为排污权交易的主要市场。

2017年3月,山西省发改委、财政厅、环保厅发布《关于降低排污权交易手续费标准及有关事项的通知》(晋发改收费发〔2017〕218号),将排污权交易手续费标准平均降低60%。2018年2月,省发改委会同省财政厅印发《关于取消排污权交易手续费有关问题的通知》(晋发改收费发〔2018〕117号),规定从2018

年 3 月 1 日起取消排污权交易手续费,以减轻企业负担,促进企业发展。截至 2018 年 12 月,山西省累计完成排污权交易 1115 宗,总成交额 9.85 亿元。

山西省"十二五"期间环保工作取得了一定成效,环境空气细颗粒物(PM2.5)年均浓度较 2013 年下降 27.3％,11 个设区的市环境空气质量优良天数平均较 2013 年增加 70 天。化学需氧量、氨氮平均浓度分别下降 54％和 63％。化学需氧量、氨氮、二氧化硫、氮氧化物、烟尘和工业粉尘排放总量分别完成"十二五"规划削减目标的 207.4％、127.7％、195.8％、180.1％、157.7％和 162.1％,全面超额完成国家及省下达的减排任务。

山西省属于资源型经济发展模式,产业结构偏重、污染物排放量偏大,排放总量对环境的压力较大。山西省"十三五"环境保护规划中将实施排污许可证制度列为重点任务,并提出要"基于环境质量状况,兼顾工程减排潜力,科学确定总量控制要求,健全排污许可制度,建立统一公平、覆盖所有固定污染源的企业排放许可证制度,整合、衔接、优化环境影响评价、总量控制、环保标准、排污收费等管理制度,实施排污许可'一证式'管理"。

[1] 胡应得. 排污权交易政策下企业的环保行为研究[D/OL]. 杭州:浙江大学,2012[2019-04-06]. http://kns. cnki. net/ KCMS/detail/detail. aspx? dbcode = CDFD&dbname = CDFD1214&filename=1012446270. nh&uid = WEEvREc-wSlJHSldRa1FhdkJkVG1BVnRVeWYxMHBlWWZITitU ZGd1WkFlTT0 = ＄9A4hF_YAuvQ5obgVAqNKPCYcE jKensW4IQMovwHtwkF4VYPoHbKxJw!!&v=MTA1 MDZlOEdOUExyNUViUElSOGVYMUx1eFlTN0RoMV QzcVRyV00xRnJJDVVJMT2ZZK2RwRkNubFZZMM0xWR jI2SEw=.

[2] PUNCH. The relationship between economics and environmental issues [EB/OL]. (2016-04-04) [2018-11-13]. https://punchng. com/the-relationship-between-economics-and-environmental-issues.

[3] 杨卫军,陈昊平. 经济学基础[M]. 北京:北京理工大学出版社,2016.

[4] N. 格里高利·曼昆. 经济学原理(第5版):微观经济学分册[M]. 北京:北京大学出版社,2009.

［5］季小立.环境规制效率与排污交易机制研究［D］.南京大学,2011.

［6］庇古.福利经济学［M］.金镝,译.北京：华夏出版社,2017.

［7］栾振芳.经济学一本通［M］.北京：北京联合出版公司,2018.

［8］环境保护部环境工程评估中心.环境影响评价相关法律法规［M］.北京：中国环境科学出版社,2015.

［9］幸红.污染控制策略创新排污权交易及其法律规范［M］.广州：华南理工大学出版社,2007.

［10］邓海峰.排污权：一种基于私法语境下的解读［M］.北京：北京大学出版社,2008.

［11］纪坡民.产权与法［M］.北京：生活・读书・新知三联书店,2001.

［12］曹轩.排污权交易法律制度试点研究［D/OL］.长沙：湖南师范大学,2018［2018-11-13］.http://kns.cnki.net/KCMS/detail/detail.aspx? dbcode＝CMFD&dbname＝CMFD201901&filename＝1018149297.nh&v＝MTczODkrWm9GeS9uVnI3T1ZGMjZGcks4RjlQRnFRRnNKWjSVI4ZVgxTHV4WVM3RGgxVHJXSFJXTTFGY2tOVVkxWS1TZF

［13］林海平.环境产权交易论［M］.北京：社会科学文献出版社,2012.

［14］李晓莉.排污权交易中的政府职能研究［D/OL］.上海：上海师范大学,2011［2019-01-25］.http://kns.cnki.net/KCMS/detail/detail.aspx? dbcode＝CMFD&dbname＝CMFD2011&filename＝1011161688.nh&uid＝WEE-

vREcwSlJHSldRa1FhdXNXaEd2QTlYdjRhNEpzZlJCd0k2cElvdi9vYz0 ＝ ＄9A4hF＿YAuvQ5obgVAqnNKPCYcEjKensW4IQMovwHtwkF4VYPoHbKxJw!! &v ＝ MDMzOTkxRnJDVVJMT2ZZK1pvRnkvZ1VyM1BWRjI2SDdLK0g5ZkVwNUViUElSOGGVYMUx1eFlTN0RoMVQzcVRyeV00＝.

[15] 孙鹏程,贾婷,成钢,等. 排污权有偿使用和交易制度设计、实施与拓展[M]. 北京：化学工业出版社,2017.

[16] 宋国君. 排污权交易[M]. 北京：化学工业出版社,2004.

[17] 王品文. 湖北省排污权交易实践重点问题研究[D/OL]. 北京：中国地质大学,2014[2019-01-07]. http://kns. cnki. net/KCMS/detail/detail. aspx？dbcode ＝ CDFD&dbname＝CDFD1214&filename＝1014340863. nh&uid＝WEEvREcwSlJHSldRa1FhdXNXaEd2QTlYdjRhNEpzZlJCd0k2cElvdi9vYz0 ＝ ＄9A4hF＿YAuvQ5obg VAqnNKPCYcEjKensW4IQMovwHtwkF4VYPoHbKxJw!! &v ＝ MTYzMDhZK1pvRnkvZ1ZMM0tWRjI2R3JDOEh0bktyS kViUElSOGGVYMUx1eFlTN0RoMVQzcVRyeV00xRnJDVVJMT2Y＝.

[18] 赵文娟,宋国君. 美国区域排污权交易市场"RECLAIM 计划"的经验及启示[J]. 环境保护,2018,46(5)：75-77.

[19] 胡彩娟. 美国排污权交易的演进历程、基本经验及对中国的启示[J]. 经济体制改革,2017(3)：164-169.

[20] A. Denny Ellerman, David Harrison Jr. , Paul L. Joskow. Emissions Trading in the U. S. ：Experience, Les-

sons, and Considerations for Greenhouse [R]. Pew Center on Global Climate Change, 2003.

[21] 彭江波. 排放权交易作用机制与应用研究[D/OL]. 成都：西南财经大学,2010 [2018-10-16]. http://kns. cnki. net/KCMS/detail/detail. aspx? dbcode = CDFD&dbname = CDFD1214&filename = 1012256181. nh&uid = WEEvREcwSlJHSldRa1FhdXNXaEd2QTlYdjRhNEpzZlJCd0k2cE1vdi9vYz0 = ＄9A4hF_YAuvQ5obgVAqNKPCYcEjKensW4IQMovwHtwkF4VYPoHbKxJw!! &v = MjMzNjR1eFlTN0RoMVQzcVRyV00xRnJJDVVJMT2ZZK1pvRnk3a1ZMck1WRjI2SExHOUdOREVVcEViUElSOGVYVYMUw=.

[22] 陈维春,曲扬. 美国排污权交易对我国之启示[J]. 华北电力大学学报(社会科学版),2013(6):1-5.

[23] 黄文君,田莎莎,王慧. 美国的排污权交易:从第一代到第三代的考察[J]. 环境经济,2013(7):32-39.

[24] 曹金根. 排污权交易法律规制研究[D/OL]. 重庆：重庆大学,2017 [2019-01-25]. http://kns. cnki. net/KCMS/detail/detail. aspx? dbcode = CDFD&dbname = CDFDLAST2018&filename = 1017721742. nh&uid = WEEvREcwSlJHSldRa1FhdkJkVG1BVm9CR3A0RS95VnFDU0dNbjRJdURTaz0 = ＄9A4hF_YAuvQ5obgVAq NKPCYcEjKensW4IQMovwHtwkF4VYPoHbKxJw!! &v = MDIxNTlLVkYyNkdiUzlIOWJJJWclpFYlBJUjhlWDFMcDdZUzdEaDFUM3FUcldNMUZyQ1VSTE9mWStab0Z5SG

hXNzM＝.

[25] European Commission. Emissions trading：2007 verified emissions from EU ETS businesses [EB/OL]. （2006-05-23）[2019-01-25]. http://europa. eu/rapid/press-release_IP-08-787_en. htm? locale＝en.

[26] 碳排放交易. 德国排污权交易制度实施及成效分析 [EB/OL]. （2014-09-10）[2019-01-15]. http://www. tanpaifang. com/paiwuquanjiaoyi/2014/09/1037866. html.

[27] 赵舸, 张晓璇. 德国排污权交易制度的法律实践与评价 [J]. 群文天地,2011(12):229.

[28] Umwelt Bundesamt. Emissions trading：German installations cut emissions by 3. 4 percent in 2017 [EB/OL]. （2018-04-10）[2019-01-15]. https://www. umweltbundesamt. de/en/press/pressinformation/emissions-trading-german-installations-cut.

[29] 碳排放交易. 德国放弃 2020 年减排目标,拟推后数年实现,经济增速和难民成原因! [EB/OL]. （2018-01-12）[2019-01-25]. http://www. tanpaifang. com/paiwuquanjiaoyi/2014/09/1037866. html.

[30] Suomeksi. EU Environment Ministers agree on the reform of the Emission Trading Directive [EB/OL]. （2017-03-02）[2018-09-20]. https://www. ym. fi/en-US/Latest_news/EU_Environment_Ministers_agree_on_the_re(42318).

[31] Ministry of Economic Affairs and Employment of Fin-

land. Emissions trading in aviation [EB/OL]. [2019-01-25]. https://tem. fi/en/emissions-trading-in-aviation.

[32] 碳排放交易. 瑞士碳市场概述及背景与发展 [EB/OL]. (2017-04-28)[2019-01-25]. http://www. tanpaifang. com/tanguwen/2017/0428/59212. html.

[33] The Federal Council the Portal of the Swiss government. Federal Act on the Reduction of CO2 Emissions [EB/OL]. (2018-01-01)[2019-01-25]. https://www. admin. ch/opc/en/classified-compilation/20091310/index. html.

[34] The Federal Council the Portal of the Swiss government. Ordinance on the Reduction of CO2 Emissions [EB/OL]. [2019-02-19]. https://www. admin. ch/opc/en/classi-fied-compilation/20120090/index. html.

[35] 马驰,吴晨烈,胡应得. 浙江省初始排污权的分配问题[J]. 资源开发与市场,2015,31(1):82-85.

[36] 浙江省人民政府. 浙江省人民政府办公厅关于印发浙江省排污权有偿使用和交易试点工作暂行办法的通知. [EB/OL]. (2013-01-04)[2019-02-07]. http://www. zj. gov. cn/art/2013/1/4/art_1582412_26647. html.

[37] 排污权交易的"浙江样本"(下)[N/OL]. 中国财经报, (2014-06-12)[2019-02-07]. http://finance. china. com. cn/roll/20140612/2464543. shtml.

[38] 探秘浙江排污许可制度改革试点:各具特色的八地"一证式"管理模式 [EB/OL]. (2016-04-12)[2019-01-25]. http://www. h2o-china. com/news/239073. html.

[39] 杨斌,严俊,曹艳,等.浙江省排污权抵押贷款实践特征分析[J].环境与可持续发展,2018,43(2):101-104.

[40] 裴金红.排污权抵押贷来绿色产业绍兴全市累计融资超400亿[N/OL].绍兴日报,(2018-10-08)[2019-02-05].http://zjnews. zjol. com. cn/zjnews/sxnews/201810/t20181008_8428341. shtml.

[41] 改革开放看嘉兴丨"撬"动绿色发展全国首推排污权交易.[N/OL].浙江日报,(2018-12-02)[2019-02-05].http://k. sina. com. cn/article_1708763410_65d9a91202000rkh6. html.

[42] 新华社.浙江:排污权回购将有章可循.[EB/OL].(2017-07-07)[2019-01-25]. http://www. xinhuanet. com/local/2017-07/07/c_1121281554. htm.

[43] 玉环县环境保护局.玉环市排污权资产化工作的阶段性成效、存在问题及建议.[EB/OL].(2018-06-28)[2019-02-07]. http://www. zjepb. gov. cn/art/2018/6/28/art_1201343_19800598. html.

[44] 中国排污许可,浙江省排污权交易中心.92亿!绍兴印染功不可没!浙江排污权交易工作在全国试点省份中遥遥领先!.[EB/OL].(2018-12-10)[2019-02-07].http://www. sohu. com/a/280883841_654267.

[45] 陈磊,刘懿德,丁雅雯.排污权交易有价无市现状亟待改变[N/OL].经济参考报,(2016-06-13)[2019-02-10].http://www. jjckb. cn/2016-06/13/c_135431520. htm.

[46] 李维伦.内蒙古排污权交易实践中的政府行为探究[D/

OL]. 呼和浩特:内蒙古大学,2018 [2019-02-10]. http://
kns. cnki. net/KCMS/detail/detail. aspx? dbcode=CMF
D&dbname = CMFD201802&filename = 1018714743.
nh&uid = WEEvREcwSlJHSldRa1FhdkJkVG1BVm9CR
3A5RVg2TDFIczZIc3p0T21TYz0 = ＄9A4hF_YAuvQ5
obgVAqNKPCYcEjKensW4IQMovwHtwkF4VYPoHbK
xJw!! &v = MDY1MjBGckNVUkxPZlkrWm9GQ25tV
3J6TlZGMjZGclM1R3RiSXJKRWJQSVI4ZVgxTHV4W
VM3RGgxVDNxVHJXTTE=.

[47] 卢艳丽. 试点地区排污权有偿使用和交易价格现状分析
[J]. 环境与发展,2016,28(4):95-99.

[48] 沈满洪,钱水苗. 排污权交易机制研究[M]. 北京:中国环
境科学出版社,2009.

[49] 苏金华,胡敬韬,李秋萍. 市场经济条件下排污权交易管理
创新思路与实践——以内蒙古为例[J]. 环境保护,2016,
44(1):50-52.

[50] 中国环境报. 内蒙古排污权交易破茧成蝶 [EB/OL].
(2014-05-19)[2019-02-13]. http://www. chinanews.
com/ny/2014/05-19/6185641. shtml.

[51] 王成金,侯元松,马玉波. 内蒙古自治区实施排污权交易的
探索[J]. 北方环境,2012,24(2):3-7.

[52] 王晓春. 山西排污权交易试点经验与实践探索[C]//中国
环境科学学会. 2017 中国环境科学学会科学与技术年会
论文集(第一卷),2017.

[53] 陈新民,张默兰. 对山西省排污权交易试点情况的调研

[J].山西财税,2016(5):12-14.

[54] 范辉,牛汝澎.排污权有偿使用与交易相关政策制度与应用研究[J].环境与发展,2017,29(6):3-5.

[55] 刘建晖.山西省排污权交易体系改进设计[J].中国环境管理,2017,9(4):88-91.

[56] 王云珠.山西排污权交易实践、问题与对策研究[J].环境科学与管理,2015,40(7):46-50.

[57] 韩彬.浅探山西省排污权交易试点工作模式[J].能源与节能,2014(5):86-87.

[58] 吕梦琦.半月谈网.山西:让排污权交易"活"起来[EB/OL].(2017-07-05)[2019-01-25].http://www.banyuetan.org/chcontent/sz/szgc/201775/230816.shtml.

[59] 赵泽宇."排污权交易":环境服务模式的创新性探究——以山西省排污权交易为例[J].环境与发展,2017,29(8):1-2.

[60] 张保会.排污权交易机制在山西省的探索与实践[J].中国环境管理,2014,6(4):48-51.